KB112734

아빠가 쓰는 육아일기

이 책을 소중한

_____님에게 선물합니다.

_____ 드림

· 아이, 엄마, 아빠, 가족이 모두 행복한 아빠 육아법 ·

아빠가 쓰는
육아
일기

양현진 지음

위닝북스

아빠 육아의 골든타임은 바로 지금이다!

　나의 첫 책《아빠 육아 공부》가 출간된 후 많은 분들의 관심을 받았다. 각종 단체에서 강연 요청이 들어오고, 방송 출연을 하며 아빠 육아에 대한 메시지를 전했다. 예비 엄마, 아빠들을 만나면서 우리나라에 육아로 인한 고통을 호소하는 사람이 생각보다 많다는 것을 알게 되었다. 사랑해서 결혼하고, 귀여운 아이를 출산했는데 왜 이렇게 힘든 것일까?

　대부분의 부모들이 준비가 안 된 상태에서 육아를 시작한다. 물리적인 준비보다 정신적인 준비가 안 되어 있다. 부부가 서로 어떻게 대해야 하는지, 육아는 어떻게 하고, 무엇을 하며 놀아 주어야 할지 모른 채 부모가 된다. 아이가 성장할수록 부모가 어떻게 말하고 행동해야 하는지 혼란스러운 상태인 것이다.

　지금 많은 아빠들은 이전 세대와는 다른 큰 불안과 혼란을 겪고 있다. 강연과 상담을 통해 만난 아빠들은 대부분 자신의 부모로부터 보고 배운 아버지의 모습과, 현재 자신에게 요구되는 아버지 역할의 차이로 인해 혼란스러워했다. 내가 알던 아버지의 모습과 현재 아내가 요구하는 아빠의 이미지가 너무나 다른 것이다. 요즘에는 가족을 위해 아무리 몸이 부서져라 일해도 아이를 돌보지 않으면 나쁜 아빠가 되어 버리기 때문이다.

아빠들은 억울하기도 하고 미안하기도 한 복합적인 심리 상태를 보인다. 우리 아버지 세대보다 분명히 잘하고 있는데 아내들은 턱없이 부족하다고만 한다. 실제로 아빠들의 혼란은 엄청나다.

나 또한 육아에 대한 준비를 제대로 하지 못한 채 아빠가 되었다. 아이의 행동에 어떻게 대응하고 말하고 놀아야 할지 몰라 난감한 적이 많았다. 그래서 육아 서적들을 공부하며 나름대로 노하우를 쌓았다. '지금 알고 있는 것들을 그때 알았더라면 더 좋았을 텐데' 하는 아쉬움이 남는다. 그래서 육아로 고민하는 대한민국 부모들을 위해 책을 써서 메시지를 전하고 있다. 나와 같은 시행착오를 겪지 않고 행복하고 즐거운 육아를 했으면 하는 바람이다.

나 또한 아이들과 함께 시간을 보내면서 실수를 하고 시행착오를 겪으며 문제들을 하나씩 해결해 나가고 있다. 단지 좋은 아빠가 되기 위해 오늘도 최선을 다할 뿐이다. 그래서 가끔 주변의 시선이 부담스러울 때도 있다. 완벽한 아빠의 이미지로 부각되어 기대치가 높아진 것이다. 그래서인지 책 출간 이후 행동이 더욱 조심스러워졌다.

하지만 좋은 아빠, 훌륭한 부모 이야기를 하기 위해 내가 먼저 완벽한 부모가 되어야 하는 것은 아니다. 완벽한 부모는 세상에 없다. 다만 진심으로 아이를 대하고 행동할 뿐이다. 내가 할 수 있는 일을 하고, 자책하지 않고 긍정적인 에너지로 나를 채우는 것이 중요하다. 다른 사람과 비교하기 이전에 어제의 나 자신보다 더 나아지도록 노력해야 하는 것이다.

내 휴대전화 사진첩에는 내 사진보다 아이들 사진이 가득하다. 용량이 모자라 지우려 해도 삭제할 사진이 하나도 없다. 비슷한 사진이라도 모두 소중한 모습이다. 예전 사진을 보면 언제 이렇게 컸는지 대견해질 때가 많다. 아이들은 하루가 다르게 자란다. 아빠가 회사 일로 바쁘고 피곤하다는 이유로 아이와 함께하는 시간을 미루다 보면 아이는 기다려 주지 않는다. 금방 사춘기가 올 것이고 아빠의 자리는 친구와 컴퓨터가 대신할 것이다.

아이와 많은 시간을 함께하고 싶어도 현실은 그리 순탄하지 않다. 아이가 어릴수록 아빠는 한창 일을 할 시기다. 가족과 함께할 시간을 내기가 무척 어렵다. 아빠가 아이와 놀아 주고 싶은 마음이 아무리 간절해도 회사 업무에 치여 쉽지 않은 것이다.

그렇다면 아빠가 육아를 할 수 있는 시간은 전혀 없는 걸까? 아니다. 짧은 시간이라도 얼마든지 가능하다. 좋은 아빠가 되기 위한 길을 이 책에서 제시하고자 한다. 파김치가 된 몸이라도 즐겁고 유쾌하게 육아를 할 수 있는 길잡이가 되길 바란다.

마지막으로 항상 든든한 응원으로 큰 꿈을 꾸게 해 준 인생의 멘토 〈한국책쓰기1인창업코칭협회〉의 김태광 대표 코치님과 드림워커로서의 인생을 열어 주신 〈위닝북스〉의 권동희 대표님께 감사의 마음을 전한다. 나보다 나를 더 걱정하고 배려해 주신 포스코건설 임직원분들, 그리고 언제나 나를 아낌없이 지지해 주시는 양가 부모님과 가족들에게 존경을 담아 감사의 마음을 보낸다. 내 인생의 보물인 서준이, 유준이, 채윤이와 내조의 여왕인 사랑하는 아내에게 이 책을 바친다.

2018년 11월
양현진

CONTENTS

💜 프롤로그 ··· 4

PART 1 ─────────────────

아빠도
육아 스트레스 받는다

01 육아를 두려워하지 마라 ··· 15

02 육아는 아빠도 성장하게 한다 ··· 21

03 나만의 시간을 가져라 ··· 26

04 아이를 있는 그대로 존중하라 ··· 31

05 아빠의 뇌와 엄마의 뇌는 다르다 ··· 37

06 아빠도 산후 우울증이 온다 ··· 43

07 아빠도 휴식이 필요하다 ··· 49

08 아빠도 가끔은 위로받고 싶다 ··· 54

PART 2 ————————

지금이 바로 아빠 육아가
필요한 타이밍이다

01 아빠 놀이는 아이를 위한 특효약이다 ⋯ 63

02 아빠의 지금 모습이 아이의 미래 모습이다 ⋯ 69

03 육아도 전략과 전술이 필요하다 ⋯ 75

04 아빠 육아가 아이의 사회성을 결정한다 ⋯ 82

05 아빠 놀이는 아이의 창의력을 길러 준다 ⋯ 88

06 아이에게 낯선 아빠가 되지 마라 ⋯ 94

07 아빠 육아는 희생이 아니라 행복이다 ⋯ 99

08 기적 같은 변화를 불러오는 아빠 육아의 힘 ⋯ 104

PART 3

초보 아빠가 꼭 알아야 할
육아 놀이 팁

01 초보 아빠를 위한 연령별 놀이법 ⋯ 113

02 아빠 놀이는 쉽고 빨라야 한다 ⋯ 121

03 아이가 놀이를 주도하게 하라 ⋯ 127

04 아들과 딸의 놀이는 달라야 한다 ⋯ 133

05 놀이공원보다 재미있는 집에서 하는 놀이 ⋯ 141

06 아이를 성장시키는 놀이는 따로 있다 ⋯ 147

07 하루 10분이라도 제대로 놀아라 ⋯ 153

08 오래 놀기보다 알차게 놀아라 ⋯ 159

PART 4

아이를 성장시키는
아빠의 말 한마디

01 아빠 육아는 엄마 육아와 다르다 ⋯ 167

02 아빠의 말 한마디면 충분하다 ⋯ 172

03 아빠에게 가장 필요한 것은 말공부다 ⋯ 177

04 아빠의 칭찬이 아이의 잠재력을 키운다   … 183

05 아침에 하는 말이 하루를 결정한다   … 188

06 상황에 따른 아빠의 대화법   … 193

07 아이에게 똑똑하게 화내는 법   … 199

08 아빠의 이해와 공감이 아이를 변화시킨다   … 204

PART 5

아빠와의 애착이
아이의 인생을 결정한다

01 아이에게 최고의 선물은 아빠의 관심이다   … 213

02 아빠의 좋은 습관보다 좋은 교육은 없다   … 218

03 아빠의 인정과 사랑이 아이의 자존감을 높인다   … 223

04 머리가 아닌 가슴으로 키워라   … 228

05 착한 아이가 되라고 강요하지 마라   … 233

06 똑똑한 아이보다 지혜로운 아이로 키워라   … 239

07 누구나 좋은 아빠가 될 수 있다   … 244

08 아빠와의 애착이 아이의 인생을 결정한다   … 250

PART 1

아빠도
육아 스트레스
받는다

육아를 두려워하지 마라

지금 어디로 가고 있는지 모른다면 조심하라.
엉뚱한 곳으로 갈지도 모른다.

• 요기 베라

월요일 아침, 상쾌한 아침 공기를 마시며 출근한다. 집에서 벗어나 혼자 걷고 있는 순간은 바로 몇 분 전의 현실과 너무 동떨어진 기분이다. 잠에서 깬 아이를 안아 주고, 기저귀를 갈고, 콧물을 닦아 주는 공간과 비교하면 바깥세상은 완전히 다른 현실이다.

"아빠 회사 갔다 올게. 빠빠이."

"아빠, 회사 가지 마. 힝."

"유준아. 아빠 회사 갔다 와서 같이 놀자. 뭐 하고 놀지 생각해서 아빠한테 말해 줘."

"아니야. 지금! 지금 놀아! 으아앙!"

둘째 유준이는 주말에 아빠와 재미있게 놀수록 월요일에 헤어지기 아쉬워한다. 현관문을 넘어 승강기까지 들려오는 아이의 울음소리를 뒤로하고 출근해야 한다. 회사에 도착해 자리에 앉으면 어깨에 통증이 몰려온다. 주말 동안 아이들을 안고 다녀서 월요일만 되면 어깨가 욱신거린다. 한 손은 둘째를 안고, 다른 손은 첫째 손을 잡고 걸어 다닌다. 둘째에게 걸어가자고 해도 졸릴 때는 안아 달라고만 하기 때문이다. 외출할 때뿐만 아니라 집에 있어도 마찬 가지다. 아이를 안고 돌고 비비고 몸으로 놀다 보면 금방 체력이 떨어진다. 그래서 소염제와 근육이완제, 파스를 항상 집에 구비하고 있어야 한다.

정신없이 일하다 문득 아침에 울던 유준이 생각이 난다. 어린이집에는 잘 갔는지 궁금하다. 아내에게 전화해서 물어보니 어린이집에 울면서 들어갔다고 한다. 그래도 막상 들어가서는 잘 논단다. 바쁜 하루를 마치고 집에 가면 아이들이 반겨 준다. 아침에 그렇게 울던 아이도 저녁에 만나면 언제 그랬냐는 듯이 밝아져 있다.

아이가 태어나면 그냥 아빠가 되는 줄 알았다. 그런데 아빠라는 것은 그리 호락호락한 위치가 아니었다. 아이가 태어나자 내 삶은 크게 흔들렸다. 경제적인 것은 둘째 치고서라도 절대적으로 육아에 투입되어야 하는 시간이 존재했다. 기저귀 갈고 밥 먹이고 씻기고 재우고 놀아 주는 시간이 필요했다. 아이들은 평소 아빠를 그리워하고 놀지 못했던 만큼 퇴근 후나 주말에 실컷 놀아 주길 원했다. 아내는 아빠인 나보다 더 힘들어했다. 하루 종일 아이들을 돌봐야 하고, 잠자는 시간도 충분하지 못했기 때문이다.

나는 세 아이를 키우면서 좋은 아빠가 되기 위해 노력했다. 하지만 과연 이렇게 하는 것이 맞나 싶을 정도로 다양한 문제에 직면했다. 아이가 잠을 안 잘 때는 어떻게 해야 하는지, 걷는 시기가 느린 것 같은데 무슨 문제가 있는 것은 아닌지, 떼쓰고 울 때는 어떻게 훈육해야 할지 몰랐다. 단순히 아이의 감정을 억제시키는 강압적인 방식은 옳지 않다는 것을 본능적으로 알았지만 구체적인 방법을 몰랐다. 그래서 각종 육아서적을 공부해 아이들에게 적용시켜 보면서 우리 아이들에게 맞는 방법을 하나씩 찾게 되었다.

아이들은 끊임없이 질문하고, 사랑을 확인받으려고 하고, 각종 실험을 해댄다. 어느 날 북적북적해야 할 집이 조용할 때가 있다. 이러면 갑자기 불안해져서 아이들을 급하게 찾게 된다. 예상대로 아빠의 책을 찢고 있거나, 주방에서 음식 재료를 난장판으로 만들고 있거나, 입에 작은 물건을 넣고 있는 등 사고의 유형은 다양하다.

아이들이 조용할 때는 크게 세 가지가 있다. 사고 칠 때, 먹을 때, 잘 때다. 이 중에서 잘 먹고, 잘 때가 제일 예쁘다. 잘 먹는 아이들을 보고 있으면 안 먹어도 배가 부르다. 잘 자는 아이들은 예쁘기도 하고, 많은 시간을 같이 보내지 못해 미안한 마음도 든다. 하루 동안 아이에게 화를 냈거나 신경 써주지 못한 부분이 많으면 미안한 마음은 더 커진다.

요즘 아이를 낳지 않고 부부끼리 또는 결혼하지 않고 혼자 사는 사람들이 늘어났다. 그만큼 세상 살기가 팍팍해졌다는 증거다. 혼자 인생을 즐기며 경제적으로 부담 없이 사는 것도 나쁘지 않다. 그러나 난 다르게 생각했다. 부모님에게 받은 사랑을 내 자녀에게도 전달해 줘야 한다는 생각이 들었기 때문이다.

내가 아기 때부터 어른이 되어 독립할 때까지 그 많은 노력과 사랑, 내 볼에 닿았던 수천 수만 번의 입맞춤, 포옹, 끝없는 관심과 내 성장을 위해 사랑을 아끼지 않았던 부모님을 생각하면 이것을 나 혼자 가지고 있는 것이 아까웠다. 그 사랑을 다시 후대에 전달하고 싶다는 생각이 들었다. 그래서 세 명의 자녀를 낳아 키우고 있다.

그런데 좋은 아빠란 무엇일까? 나는 그 개념이 혼란스러웠다. 경제적 풍요를 제공해 주는 아빠? 친구 같은 아빠? 고민 끝에 나름대로 내린 결론이 있다. 절대적으로 좋은 아빠는 존재하지 않는다. 단지 좋은 아빠가 되기 위해 최선을 다하는 아빠만 있을 뿐이다. 아이 나이에 맞추어 육아에 대해 공부하고 문제가 생기면 하나씩 해결해 나가면서 아이와 함께 성장하는 아빠가 '좋은 아빠'이자 '최고의 아빠'인 것이다.

지금 많은 아빠들은 이전 세대와는 다른 큰 불안과 혼란을 겪고 있다. 나는 강연과 상담을 통해 많은 아빠들을 만났다. 대부분 자신의 부모로부터 보고 배운 아버지의 모습과, 현재 자신에게 요구받는 아버지 역할의 차이로 인해 혼란스러워했다. 자신이 알던 아버지의 모습과 현재 가족이 요구하는 아빠의 이미지는 너무나 다른 것이다. 요즘에는 가족을 위해 아무리 몸이 부서져라 일해도 아이를 돌보지 않으면 나쁜 아빠가 되어 버리기 때문이다.

상담을 한 어느 아빠는 집에 가기 너무 싫다고 했다. 아내는 잔소리만 하고, 아이들은 떼쓰고 울기만 하니 도망치고 싶다는 말까지 했다.

"저 나름대로 노력했지만 어디서부터 잘못된 것인지 잘 모르겠어요. 아내는 연애할 때 그 여자가 아닌 것 같아요. 출산 이후에 마치 딴 사람 같아요."

비단 이 아빠만의 이야기는 아닐 것이다. 그러나 아빠가 육아를 피하려 할수록 더 힘든 상황 속에 놓이게 된다. 시련, 불안, 두려움은 피할수록 사라지지 않고 그림자처럼 따라다니며 자신을 무기력하게 만든다.

삶을 망가뜨리는 주범은 '두려움'이다. 어떤 것에 대해 두려움을 가지면 그것을 끌어당기게 된다. 암을 두려워하면 암이 생기고, 가난을 두려워하면 가난한 삶을 살게 되고, 사람을 두려워하면 외톨이로 지내게 되고, 육아를 두려워하면 소외된 부모가 된다. 두려움을 없애는 가장 좋은 방법은 피하지 않고 정면으로 바라보는 것이다. 정면으로 바라볼 때 두려움은 실체가 없다는 것을 깨닫게 된다.

군대에서 옷이 더러워지기 싫어서 조심스럽게 훈련을 받으면 더 힘들어진다. 흙탕물에 온몸을 푹 담그고 훈련하면 한결 편해진다. 오히려 피하려 할수록 더 힘들어진다. 육아도 마찬가지다. 피하지 말고 정면으로 부딪쳐 보자. 걱정했던 것보다 해볼 만한 일이라는 생각이 들 것이다. 육아는 인생의 걸림돌이 아니라 디딤돌이다. 아이와 함께 성장하는 멋진 아빠가 되어 보자.

02

육아는 아빠도 성장하게 한다

주어진 삶을 살아라. 삶은 멋진 선물이다.
거기에 사소한 것은 아무것도 없다.

· 플로렌스 나이팅게일

"아기 상어~ 뚜루~ 루뚜루~."

회사에서 일을 하다가 나도 모르게 동요를 흥얼거리고 있었다.
주말에 차를 몰고 가는 동안 아이들이 좋아하는 동요를 틀어 주다
보니 어느새 입에 뱄나 보다. 아이들은 한 가지 노래가 좋아지면
그 곡만 들으려고 한다. 그러다 보니 계속 반복해서 틀어 주었다.
몇십 번 반복해서 들으니 슬슬 인내심의 한계에 다다랐다.

"서준아. 아빠 다른 노래 듣고 싶어. 골고루 듣자."

"싫어요. 상어 노래 들을 거예요."

다른 노래도 듣자고 해도 계속 한 가지만 듣고 싶어 했다. 그러
다 보니 다음 날 아침부터 저녁까지 그 노래가 귀에 계속 맴돌았
다. 노래를 생각하지 않으려고 할수록 계속 들리는 느낌이 들었다.

보고서를 쓰고 점심을 먹고 회의를 할 때도 노랫소리가 귀에 들리는 듯했다. 반복이라는 것이 얼마나 무서운 것인지 알게 되었다.

어느 날은 아이들을 재우고 조용히 방에서 나와 거실에서 글을 쓰고 있었다. 어디에선가 아이 울음소리가 들렸다. 셋째 채윤이가 깨서 우는 것 같아 얼른 안방으로 갔다. 방문을 열어 보니 채윤이가 침대를 잡고 울고 있었다. 아이를 안고 거실로 나와 달래 주었다. 아빠 품에서 안정감을 느낀 아이는 이내 잠들어 버렸다. 잠이 든 아이를 안방으로 데리고 들어가 조심스럽게 눕혔다. 그리고 방에서 나와 거실에서 다시 글을 썼다. 그런데 몇십 분 후 또 아이 울음소리가 들렸다. 이런 적이 한두 번은 아니었기에 다시 안방으로 갔다. 그런데 이번에는 조용했다. 아이들 숨소리만 들릴 뿐이었다. 환청이 들린 것이다.

환청은 집이 조용할 때 더 잘 들렸다. 아이들 낮잠을 재우고 있을 때도 울음소리가 들렸다. 방에 가 보면 어김없이 조용했다. 글을 쓰는 밤에도 울음소리가 나서 급하게 가 보면 아무 일도 없었다. 회사에서는 동요가 귀에 맴돌고, 글을 쓰는 밤에는 아이 울음소리가 들리는 환청에 시달렸다.

집에 가면 나에게 많은 일이 주어지니 하루 두 번 출근하는 기분이 들었다. 아이들이 잠들어야 진짜 퇴근인 것이다. 그런데 이것을 힘들다고만 생각하면 정말 힘들지만 아이들과 노는 것을 즐기다 보면 상황이 달라진다. 아이들과 잡기 놀이를 하며 아슬아슬하게 잡힐 듯 말 듯 하며 도망가고, 웃고 떠들다 보면 나도 재미있는 순간이 있다. 이런 재미가 반복될수록 집에 가는 것이 즐겁다. 회사에서 일을 하다가도 빨리 집에 가서 아이들과 놀고 싶은 마음이 든다. 집에 가면 인기 만점 아빠가 되기 때문이다. 이러한 인기는 그동안 느껴 보지 못했던 것이다. 집에서만큼은 세상에서 제일 인기 있는 사람이 된다.

사람들이 나를 보면 항상 하는 말이 있다. 피곤해 보인다는 것이다. 나는 잠이 많다. 결혼 전에는 집에 누워 있는 것을 가장 좋아했다. 5일 동안의 직장생활에 대한 보상을 받으려는 것처럼 주말에는 잠만 잤다. 이때는 혼자 원룸을 구해서 출퇴근을 했다. 금요일에 퇴근해 월요일 출근하기 전까지 집에서 한마디도 안 한 적도 있다. 그래서 월요일 아침에 회사에서 갑자기 말을 하려니 어색했다.

결혼 이후 아이들이 태어나면서 주말의 잠은 사치가 되어 버렸다. 밤에는 젖을 달라고 수시로 우는 아이 때문에 깊게 잠들지 못했다. 첫째 아이가 수면 교육을 통해 어느 정도 잘 자게 되니, 둘째 아이가 밤에 깨서 울었다. 둘째 아이 수면 교육을 잘해 놓으니 이번에는 셋째 아이가 밤에 깼다. 2년 터울의 아이들 덕분에 몇 년간 밤에 푹 잠들지 못했다.

몸은 피곤하지만 각종 놀이법을 찾아서 아이들과 놀았다. 주로 몸으로 놀다 보니 체력을 많이 썼다. 아빠 몸 타기, 아빠 그네, 목마, 말 타기, 캥거루 놀이, 술래잡기, 악당 놀이 등 그 종류도 다양하다. 체력에 한계가 느껴지면 책 보기나 블록놀이 등 앉아서 할 수 있는 놀이를 했다. 어깨가 너무 아플 때면 아내에게 주물러 달라고 구조 요청을 했다. 아내가 주물러 주면 아이들도 내게로 와서 엄마를 따라 내 팔과 다리를 주물렀다.

"와. 서준이, 유준이 아빠 마사지도 해 주고 다 컸네."

"아빠. 시원해요? 나 다 컸지요?

"응, 너무너무 시원하네. 고마워."

어느 정도 마사지를 받다가 위치를 바꿔 아내의 어깨를 주물렀다. 아내는 하루 종일 아이들을 챙기느라 온몸이 아프다고 했다. 머리, 목, 어깨를 골고루 주물렀다. 시간이 가능하면 허리와 다리 마사지까지 했다. 그러면 아이들도 엄마의 팔과 다리를 주물렀다. 그 작은 손으로 주무르는 모습을 보면 왠지 뿌듯해지고 대견하게 느껴졌다.

아이들에게는 마사지도 놀이의 일부다. 아이의 어깨와 등 근육을 가볍게 마사지하면 간지럽다고 도망갔다. 그러면 장난기가 발동해 쫓아가서 더 주물러 주곤 했다.

아이를 키운다는 것은 하나의 세상을 키워 가는 것과 동일하다. 그 속에서 아이와 함께 울고, 깨지고, 문제를 해결해 나간다. 아이는 놔두면 그냥 크는 것 같지만 부모의 몇만 번 이상의 손길이 필요하다. 아이를 키우면서 우리 부모님이 얼마나 많은 눈물을 흘리고 고민을 하셨을지 조금은 느낄 수 있었다. 부모가 된다는 것은 기쁨, 즐거움, 분노, 두려움 등 다양한 감정을 느끼며 아이와 함께 성장하는 것을 의미한다. 나이가 들었다고 어른이 되는 것이 아니다. 아이를 키워 봐야 성숙한 어른이 되는 것이다. 결혼 전처럼 잠만 잤다가는 아이를 키우며 겪는 성장은 못했을 것이다.

육아는 부모의 성장을 의미한다. 아이도 성장하지만 부모도 성장한다. 아무 일도 하지 않은 사람에게는 아무 일도 일어나지 않는다. 아이를 키우면서 깨지고 울고 웃는 과정 속에서 부모는 배우며 성장하게 된다. 모든 부모들은 자신도 모르는 사이에 남들보다 더 단단해지고 강해진다. 지금 힘들다면 성장하고 있다는 증거다. 내 인생 최고의 전성기는 아이와 함께 성장하는 현재다.

03

나만의 시간을 가져라

매일매일의 소중함보다 더 소중한 것은 없다.

· 요한 볼프강 폰 괴테

연말이 되면 회식자리가 많아진다. 어느 날 독특한 회식자리를 가지게 되었다. 직원끼리 모여 식사를 하고 모두 영화를 관람하러 간 것이다. 결혼 후 5년 만에 극장에서 보는 영화였다. 육아로 인해 영화를 볼 기회가 없었기 때문이다.

오랜만에 앉아 보는 극장의 좌석은 편안하게 느껴졌다. 극장 특유의 어두운 분위기, 바닥의 조명, 팝콘 냄새가 모두 기분 좋았다. 특히 아무것도 하지 않고 가만히 앉아 있을 수 있다는 것이 그렇게 행복할 수가 없었다. 영화 내용은 중요하지 않았다. 조금이라도 더 가만히 앉아 있게 영화 상영시간이 길었으면 하는 마음이었다. 일하고 퇴근하면 아이들 돌보고, 그러다 지쳐 잠드는 일상이었다. 아내에게는 미안했지만 이 날의 영화는 나에게 작은 행복이었다.

아내는 차 안에 앉아 있을 때가 제일 편하다고 했다. 영화 볼 때의 나처럼 아무것도 안 하고 단지 앉아 있기만 하면 되기 때문이다. 아내의 일상은 아이가 사고는 치지 않는지, 기저귀는 괜찮은지 계속 관심을 가지고 돌보는 일의 연속이다. 그런데 차 안에 타고 있으면 아무것도 신경 쓸 일이 없다. 아내는 잠깐의 그 상태가 너무 좋다고 했다. 그런데 아이가 커 갈수록 차 안에서도 요구하는 것이 많아져 그마저도 힘들었다. 아이들이 차 안에서 잠이 들면 그때부터 조금 편해졌다.

아내와 결혼 전 데이트할 때는 영화를 관람하거나 차를 타는 것이 일상이었다. 그러나 그런 일상조차 이제는 작은 행복이 되었다.

"우리는 언제 단둘이 영화를 보러 갈 수 있을까?"

어느 날 아내가 물었다. 나는 하루 휴가를 내서 아이들이 유치원이나 어린이집 갔을 때 단둘이 극장에 가자고 약속했다. 그러나 셋째 아이까지 어린이집에 가려면 시간이 좀 더 필요했다.

하루만 쉴 수 있다면 무엇을 할지 생각해 보았다.

'그동안 못 본 친구들을 만날까? 카페에서 하루 종일 내가 좋아하는 책을 볼까? 가까운 곳에 여행을 갈까? 아니면 하루 종일 실컷 잠을 잘까?'

하고 싶은 것들은 많았다. 하루를 온전히 나를 위해 쓰고 싶다는 생각이 들었다. 곰곰이 생각해 보니 내가 진정 원하는 것은 잠깐의 '자유'였다. 회사 끝나면 부랴부랴 집에 가서 아이들을 돌보고 기절해서 잠드는 일상이었다. 나를 위한 시간이 없었던 것이다. 아내 또한 마찬가지였다. 매일매일 나 자신이 소진되고 있는 느낌이었다. 정신적, 육체적인 에너지가 고갈되고 있었기 때문이다.

에너지가 떨어진 상태에서도 '해야 할 일'은 여전히 존재했다. 끊임없이 육아를 해야 하고, 밀린 일들을 처리해야 했다. 내 상태 여부와 상관없이 그 일들은 파도처럼 계속 밀고 들어왔다. 몸이 아파도 아파할 시간이 없었다. 감기에 걸리더라도 일과 육아는 해야 했다.

고갈된 에너지를 충전시키기 위해서는 나 자신에게 자유를 주어야 했다. 물리적인 자유보다 정신적인 자유가 더 크다. 내가 하고 싶은 일을 할 때 진정한 자유를 느낄 수 있다. 시간이 없다고 포기할 것이 아니라 강제로라도 시간을 만들어 내야 했다. 잠을 줄이더라도 나만의 시간을 가지기로 했다.

아이들을 재우고 조용히 나와 책을 보고 글을 썼다. 하루 중 가장 행복한 시간이었다. 책을 보며 '이런 것들을 지금껏 모르고 살았다니'라며 자각하게 되었다. 책을 보지 않았다면 남은 인생을 어떻게 살았을까 싶을 정도로 두려움을 느끼기도 했다. 또한 글을 쓰며 오로지 나 자신과 마주하고 내면의 목소리에 집중할 수 있었다. 머릿속이 복잡해도 글을 쓰면 생각이 정리되고 앞으로의 방향이 조금씩 보이기 시작했다. 이 순간만큼은 다른 것들은 다 잊어버리고 나에게 온전히 집중할 수 있는 진정한 자유 시간이었다. 결국 내가 생존하기 위해 책을 보고 글을 쓴 것이다.

아내에게는 운동할 기회를 선물해 주었다. 하루 종일 육아에 지친 아내가 몸의 피로를 풀고 자세 교정을 할 수 있는 곳으로 운동을 보냈다. 그래서 아내가 운동하는 날은 서둘러 퇴근했다. 처음에는 셋째 딸이 걱정되었다. 모유를 먹었기 때문에 엄마가 없는 사이에 젖을 달라고 울면 방법이 없기 때문이었다.

어느 날은 아내가 나가자마자 아이가 젖을 찾았다. 아무리 달래도 더욱더 서럽게 울기만 했다. 공갈젖꼭지도 소용없었다. 이때 아빠가 해 줄 수 없는 것이 한 가지 있다는 것을 깨달았다. 아빠 육아의 취약점은 젖을 먹일 수 없다는 것이다. 이것 말고는 엄마 못지않게 잘할 수 있는데 말이다. 계속 시계만 바라보며 아내가 오기만을 기다릴 수밖에 없었다.

아내는 운동을 다녀오면 표정이 한층 밝아져 있었다. 스트레스 해소에 도움이 되었던 것이다. 아내는 그 사이 아이들이 보고 싶었다고 했다. 집에 오자마자 두 아들과 딸을 번갈아가며 끌어안고 스킨십을 했다. 나와 아내에게 긍정적인 변화가 찾아오니 자연히 아이들도 정서적으로 안정되며 밝아졌다. 아빠와 엄마의 평상시 정서 상태가 얼마나 중요한지 알게 되었다.

아침에는 항상 외부 자극에 의해 잠에서 깼다. 거의 대부분 아이가 안아 달라고 내 품으로 왔다. 그러던 어느 날 아침, 잠에서 스스로 깼다. 아이들은 자고 있었고 집은 고요 그 자체였다. 세상이 너무나 평온해 보였다. 몇 년 만에 스스로 잠에서 깨어났다는 사실이 신기했다. 오랫동안 잊고 지낸 아침의 평온함이었다. '이런 날이 오긴 오는구나'라며 혼자 감동했다.

저녁에는 자기 전에 아이들에게 책을 읽어 주었다. 그날도 어김없이 누워서 아이들 책을 펼쳤는데 서준이가 자신이 읽을 것이라며 그림책을 가져갔다. 그러고는 동생에게 책을 읽어 주었다. 한글을 읽을 줄은 모르지만 아빠가 읽어 주었던 내용을 외워서 말하는 것이었다. 기특해하며 내 책을 가져와 아이들 옆에서 읽었다. 그렇게 책을 읽던 중 문득 아이들이 잠들지 않아도 내 일을 할 수 있다는 것을 깨달았다. 시간을 공짜로 얻은 기분이 들었다. 내 잠을 줄이지 않아도 하고 싶은 일을 할 수 있는 것이었다.

육아를 하다 보면 힘든 상태가 영원히 지속될 것만 같은 불안감이 든다. 그러나 내가 좋든 싫든 시간은 흐르며 아이들도 성장한다. 큰 폭은 아니지만 조금씩 편해지는 부분이 있다. 기저귀를 더 이상 갈지 않아도 되고, 젖병을 소독하지 않아도 되며, 밤에 깨서 우는 아이를 달래지 않아도 된다. 그러니 불안감보다는 나만의 방법으로 자신에게 자유를 줘 보자. 부부가 충분한 대화와 배려를 통해 서로에게 자유를 줄 수 있다. 하루 종일 쉬는 것보다 더 큰 효과가 있을 것이다.

04

아이를 있는 그대로 존중하라

아이는 관리되어야 하는 존재가 아니라 부모의 기쁨이어야 하고,
소중하게 여겨져야 하는 존재다.

・대니얼 J. 시걸

"아빠! 아빠! 이것 봐요."

"응. 그래."

"아니. 이것 좀 보라고요."

서준이가 나를 급하게 불렀다. 대답만 하면 직접 보라고 하면서
거의 무한대로 아빠를 외쳤다.

"아빠! 아빠!"

아이가 계속 아빠만 부르니 아내가 옆에서 한소리를 했다.

"어휴. 아빠 좀 그만 불러. 아빠 닳겠다."

서준이는 끈질기게 아빠가 바라볼 때까지 계속 불렀다. 막내 기
저귀를 다 갈고 드디어 아이를 쳐다봤다.

"응. 왜 그래?"

"잘 봐요."

서준이는 다 먹은 우유팩을 식탁에 올려놓았다.

"우와. 서준이 우유 다 먹었구나."

"아니. 아니. 잘 봐요."

우유팩을 다시 잡더니 식탁 위에 올려놓았다. '몸으로 말해요' 게임도 아니고 무엇을 원하는지 도통 알 수가 없었다.

"서준이 우유 잘 먹어서 키가 쑥쑥 크네."

"아니. 아니. 그거 말고."

서준이는 고개를 저으며 다시 우유팩을 식탁 위에 올려놓았다.

"서준이 키가 쑥 커서 식탁 위에도 잘 올려놓네."

"응. 서준이 키가 커져서 식탁 위에 손이 닿지요?"

드디어 아이가 원하는 대답을 찾았다. 서준이는 키가 컸다며 그 전에 손이 안 닿던 곳을 일부러 만지고 다녔다. 아빠에게 인정받고 싶었던 것이다. 그 뒤로 서준이는 나만 보면 수시로 물건을 탁자나 선반에 올려놓고 초롱초롱한 눈으로 나를 쳐다봤다. 그때마다 아이가 원하는 대답으로 칭찬을 해 주었다. 이렇게 정답을 맞히면 다행이었다. 어느 날은 '몸으로 말해요'의 정답을 찾지 못하는 경우도 많았다.

"아빠, 잘 봐요."

서준이는 이날도 어김없이 아빠를 부르며 알 수 없는 춤을 추었다.

"우와. 서준이 춤 잘 추네."

"아니. 아니. 잘 봐요."

아이는 왼손을 한쪽으로 쭉쭉 뻗고 난 후 손뼉을 치며 뛰었다. 이러한 춤을 계속 반복해서 추었다.

"이건 뭐 하는 거야?"

"아니! 아니!"

"코끼리가 춤추는 건가?"

"아니! 그거 말고! 으앙!"

무엇을 원하는지 도저히 알 수 없을 때는 아이도 답답한지 울기까지 했다. 나도 답답했다. 내 입장에서는 퇴근 후 아이와 노는 시간이 짧으니 즐거운 시간을 보내고 싶었다. 이대로라면 아이와 재미있게 놀 소중한 시간이 무의미하게 흘러가 버릴 것이었다. 그래서 일단 아이가 흥미 있어 할 만한 것으로 관심을 돌렸다.

"우와! 이거 뭐지? 스파이더맨이네. 거미줄 발사! 발사!"

거미줄을 쏘는 시늉을 하니 아이도 나를 따라오며 거미줄을 쐈다. 나중에 아내에게 들으니 서준이는 피자 만드는 춤을 춘 것 같다고 했다. 만화에 나오는 춤을 따라 했던 것이다. 그 만화를 못 봤던 나로서는 도저히 맞출 수 없던 문제였다.

아이가 원하는 것을 속 시원하게 말해 주면 좋겠지만 사실 아이도 본인이 무엇을 원하는지 잘 모른다. 정확히 원하는 바를 말로 표현하기에는 아직 미숙하다. 아이는 그저 '느낌'만으로 표현한다. 자신의 생각이나 느낌을 상대방도 이미 알고 있다는 가정 하에 행동한다. 그런데 자신의 기대와는 달리 아빠가 눈치조차 못 채니 아이 입장에서는 울음이 나올 정도로 답답한 것이다. 전혀 다른 생각을 하는 사람들끼리 서로를 이해하지 못하는 상황이었다.

첫째와 둘째 아이는 나와 안방에서 같이 자고, 아내는 막내딸과 함께 거실에서 잤다. 막내는 태어난 지 몇 개월 되지 않아 밤에 깨서 울고 젖을 먹으니 아이들 수면에 방해되지 않도록 하기 위해서였다. 한편으로는 나도 편하게 자고 싶은 심리도 작용했다. 첫째 아이 때 워낙 잠을 못 잤던 것도 있었다. 덕분에 아내는 몇 년간 계속 잠을 편히 잘 수 없었다.

"서준이, 유준이. '엄마, 안녕히 주무세요' 해야지."

"엄마, 안녕히 주무세요."

"엄마, 오늘 고생하셨어요. 내일 만나요."

아이들은 아빠가 가르쳐 준 대로 엄마에게 인사를 하고 나와 함께 안방에 들어갔다. 나는 아이들 각자 나이에 맞는 책을 하나씩 읽어 주었다. 그리고 불을 끄고 휴대전화 손전등을 이용해 그림자놀이를 했다. 손으로 만든 동물들과 이야기하며 논 후 휴대전화 손전등을 껐다. 그런데 갑자기 둘째 아이가 울기 시작했다.

"유준아, 왜 그래. 무슨 문제 있어?"

유준이는 말없이 서럽게 울기만 했다. 다시 불을 켜고 아이를 꼭 안아 주었지만 진정되지 않았다.

"룡~ 룡~ 아아앙!"

유준이가 무슨 말을 하긴 하는데 무엇을 원하는지 알 수가 없었다.

"유준이 물 먹고 싶어?"

아이가 고개를 끄덕여서 두 아이 모두에게 물을 먹였다. 물을 먹고도 계속 울기만 해서 슬슬 화가 올라왔다. 아이를 빨리 재우고 나만의 시간을 가지고 싶은데 협조적이지 않을 때는 힘들었다.

"책 더 보고 싶어? 곰돌이 책? 공룡 책?"

"룡! 룡!"

알고 보니 공룡 책을 안 보고 불을 꺼서 울음이 터진 것이었다. 결국 공룡 책을 몇 번 더 보고 나서야 불을 끄고 잠을 재울 수가 있었다.

아이들이 울 때는 뭔가 불쾌하거나 부정적인 느낌만 있을 뿐이다. 때로는 아이의 행동이 답답하고 이해되지 않는 것이 많다. 그러니 아이에게 화가 나고 짜증도 부리게 된다. 그러나 아이는 나름대로 이유가 있고 원하는 바가 분명히 있다. 그것을 말로 표현할 수 있는 나이는 따로 있다. 그러니 아이에게 제대로 표현하라고 강요하기보다 관찰을 통해 무엇을 원하는지 찾는 것이 더 중요하다.

지금의 모든 부모들도 어릴 적 그런 과정을 지나왔다. 단지 기억하지 못할 뿐이다. 아이와 부모는 서로 다른 행성 출신들이 만난 것 같기도 하다. 그러니 관심과 관찰을 통해 시간이 걸리더라도 아이를 이해하려는 노력이 중요하다. 때로는 아이의 생각을 알지 못하더라도 괜찮다. 이해하려고 노력하는 아빠의 모습에서 아이는 자신이 존중받는 존재라는 것을 느낄 수 있을 것이다. 아이를 있는 그대로 존중해 주자. 아이를 '존중'해 주면 부모는 '존경'받는다.

05

아빠의 뇌와
엄마의 뇌는 다르다

30년간 정신을 연구해 온 나도 답할 수 없는 난제가 하나 있다.
'도대체 여자들이 원하는 것은 무엇일까?'

· 지그문트 프로이트

"여보! 지금 뭐 하는 거야?"

주말 아침이었다. 아내는 자고 있는 나에게 말했다. '자고 있는 사람한테 뭘 하고 있다는 건지.' 잠결에 상황이 이해가 가지 않았다. 눈을 떠 보니 거실에서 채윤이가 우는 소리가 들렸다. 나가 보니 아이는 얼굴이 빨개진 채 대성통곡을 하고 있었다.

"애가 이렇게 울고 있는데 잠만 자고 있으면 어떻게 해?"

아내는 머리에서 물이 뚝뚝 떨어지는 채로 거실로 나왔다. 아내가 씻으러 간 사이에 채윤이가 심하게 울고 있었던 것이다. 채윤이를 얼른 안고 달래니 이내 안정되었다. 어찌나 울었던지 온몸에 땀이 범벅이었다. 무심하게도 채윤이의 두 오빠들은 자기들 노는 데 여념이 없었다. 아내는 피로가 점점 누적되어 날카로워져 있었다.

나도 전날 늦게까지 글을 쓰느라 잠이 부족했다. 그래서 주말 아침에 잠을 잔 대가로 아내에게 못된 아빠로 낙인찍혔다.

아이의 울음소리에 남자보다 여자가 더 민감하게 반응한다. 실제로 울음소리에 반응하는 남자와 여자의 뇌를 촬영하는 실험이 있었다. 아이가 울 때 남자보다 여자의 뇌가 반응하는 부분이 더 넓다는 결과가 나왔다. 울음소리가 들리면 엄마는 신속한 행동을 하도록 뇌를 준비시키지만, 아빠의 뇌는 엄마처럼 반응하지 않았다. 그 이유는 남자와 여자의 '뇌구조' 자체가 다르기 때문이다. 엄마의 뇌는 아기의 생존을 책임지기 위해 아기 울음소리에 민감하게 반응한다. 이와 반대로 아빠의 뇌는 가족을 외부 침입으로부터 보호하기 위해 위험상황에 재빠르게 반응한다.

뇌의 반응 정도에서부터 차이가 나기 때문에 아내 입장에서는 남편이 아이에게 무심하다고 생각할 수 있다. 그래서인지 남자와 여자는 서로 이해하려 할수록 더 이해할 수 없는 존재가 되어 버린다.

초·중·고등학교 시절 내게 아버지께서 항상 하시던 말씀이 있었다. 말 좀 하라는 것이었다. 집에 있으면 도통 말을 하지 않으니 아버지도 답답하셨던 것이다. 그렇다고 처음부터 말이 없었던 것은 아니었다. 학교에 가면 활발하게 친구들과 대화를 많이 나누었다. 집에서 말을 하지 않게 된 이유는 소통의 부재 때문이었다. 집에서 말을 하면 이런 대답이 돌아왔다.

"쓸데없는 생각하지 말고 넌 아빠가 하라는 대로만 해."

소통, 공감의 부재로 인해 집에서는 점점 말을 하지 않게 되었고, 그것이 더욱더 소통을 어렵게 만들었다.

많은 가정에서 아버지와 아이가 서먹하게 지낸다. 그 이유는 바로 아빠의 '소통능력' 때문이다. 엄마의 뇌는 '공감능력'이 발달해 있는 반면, 아빠의 뇌는 체계를 이해하고 구성하는 능력이 탁월하다. 사물이 어떻게 작동하는지, 그 기초 법칙을 직관적으로 아는 능력이 발달했다.

문제는 이러한 아빠의 능력은 가족과의 상호작용에 약하다는 것이다. 공감능력이 부족하기 때문에 사춘기 아이와 대화의 단절이 생길 수 있다. 아이와의 소통을 게을리하다가 뒤늦게 노력해 봤자 사춘기에 접어든 자녀와의 대화는 쉽지 않다. 그렇다고 좌절할 필요는 없다. 공감능력도 배울 수 있다. 아이에게 뭔가를 가르치려고 노력하는 대신 있는 그대로 바라보고 존중해 주면 된다.

공감 방법 중 '앵무새 기술'이라는 것이 있다. 가족이 하는 말을 귀담아듣고 그대로 말해 보는 것이다. 상대방이 "오늘 힘들었어."라고 말하면 "오늘 힘들었구나."라고 그대로 말한다. "아빠가 더 힘들어. 집에서 힘들긴 뭐가 힘들어?"라고 말한다면 가족은 짜증을 내며 방으로 들어갈 것이다.

"오늘 힘들었구나. 고생했네. 그래도 오늘 잘했다. 수고했어."

칭찬과 함께 격려한다면 강한 공감을 일으키며 가정에서 소통의 신이 될 수 있다.

아빠는 한 집안의 가장이기 때문에 가족을 부양할 의무가 있다. 요즘에는 맞벌이로 그 부담이 줄어들긴 했으나 아빠들이 느끼는 책임감은 여전하다. 나 또한 결혼 후 그전에 느끼지 못했던 책임감을 가지게 되었다. 그래서인지 더 열심히 일해서 가족을 먹여 살려야겠다는 생각이 강해졌다. 신혼 초에도 야근하며 밤늦게 집에 들어왔다. 회사에서 인정받고 하루라도 빨리 안정감을 찾고 싶었기 때문이다.

그런 나를 보며 아내는 "집에서 잠만 자고 나가는데 이렇게 할 거라면 왜 결혼을 했는지 모르겠어."라며 투덜거렸다. 어느 날 회사에서 야근하고 있는데 아내에게 전화가 걸려왔다.

"여보. 지금 회사 앞인데 정리하고 나올 수 있어?"

"응? 지금? 음… 알았어. 10분만 기다려."

황급히 일을 마치고 회사 앞으로 나가니 아내가 기다리고 있었다. 아내는 이렇게라도 해야 나를 볼 수 있을 것 같았다고 했다. 그 덕분에 회사 앞 공원을 함께 산책하며 이야기를 나누었다. 답답한 사무실에서 하루 종일 일하다가 공원의 신선한 밤공기를 맡으니 기분이 좋아졌다. 어디선가 들려오는 귀뚜라미 소리, 산책하는 앳된 연인들, 아이들이 뛰어놀며 웃는 모습이 참 평화로워 보였다. 공원의 야경을 보며 아내와 걷는 그 길은 그전에 알 수 없었던 기쁨이자 행복으로 다가왔다. 아내는 내게 이런 말을 했다.

"내가 필요할 때 당신이 옆에 있어 줬으면 좋겠어."

"나도 그렇게 하고 싶은데. 회사 일이 많아서…."

나도 가족과 함께 많은 시간을 보내고 싶지만 그렇지 못한 경우가 많았다. 나뿐만 아니라 이 시대 많은 가장들과 우리 아버지들이 그러했다. 나의 아버지는 새벽에 일을 나가시고 밤늦게 돌아오셨다. 아버지가 보고 싶어서 기다리다가 잠든 적도 여러 번 있었다. 지나고 나서 생각해 보면 먹고살기 바빠 그럴 수밖에 없으셨을 것이다.

그런데 한번 생각해 보자. 정말 중요한 것은 무엇일까? 내가 일하는 이유는? 가족을 지키기 위해서, 행복을 위해서가 아닐까? 인간은 누구나 행복해지기를 원한다. 재미있는 것은 아빠와 엄마의 행복을 추구하는 경향이 다르다는 것이다.

행복을 구성하는 요소는 크게 3가지다. '자신'으로부터 오는 행복, 자신이 '소속된 집단'으로부터 오는 행복, 다른 사람과의 '관계'를 통한 행복이다. 이 3가지가 적절히 균형을 이룰 때 진정한 행복이 가능하다.

아빠는 자기 자신과 소속 집단을 통한 행복을 더 추구하는 경향이 있다. 어떤 아빠들은 소속 집단에 온 열정을 다 바친다. 주말도 반납하고 회사형 인간으로 살거나, 친목모임에 빠져 사는 아빠들도 많다. 그러면 가족과의 관계에서의 행복 지수는 낮아질 수밖에 없다. 사랑하는 가족과 함께하는 시간을 돈 버는 데 쏟아 부으니, 수입이 늘어나더라도 마음속은 점점 공허해지는 것이다. 우리나라 40~50대 아버지들의 행복도가 다른 연령, 성별에 비해 낮은 이유는 이 때문이다.

이와 반대로 엄마는 자신이나 소속 집단보다 관계를 더 중요시한다. 자신의 취미나 모임보다 가족과의 관계를 통한 행복을 더 추구한다. 이렇게 아빠와 엄마의 뇌가 추구하는 행복이 불일치하기 때문에 많은 가정에서 행복지수가 낮게 나타난다. 아빠는 가족과의 관계에 좀 더 집중하고, 엄마는 자기 자신과 소속 집단을 통한 행복 비중을 늘려 나가야 한다. 그렇게 되면 행복의 3요소가 균형을 이루며 질 좋은 행복이 가능해질 것이다.

06

아빠도
산후 우울증이 온다

이성이 인간을 만들어 냈다고 하면,
감정은 인간을 이끌어 간다.

• 장 자크 루소

아내가 첫째 아이를 임신했을 때였다. 새로운 생명이 탄생한다는 기쁨도 잠시, 아내는 입덧으로 고생했다. 냄새에 민감해지고 아무것도 먹지 못했다. 임신을 하면 잘 먹어야 하는데 물만 먹고 있으니 뭔가 잘못된 것은 아닌지 걱정되었다. 그러던 어느 날 아내는 짭조름한 크래커가 먹고 싶다고 했다. 마트에서 크래커를 사다 주니 너무 달다고 먹지 않았다. 그래서 백화점 수입과자 코너에 가서 종류별로 사서 먹여 보았다. 그중에서 입맛에 맞는 것이 다행히 하나 있었다. 너무 달지 않고 적절히 짭조름해서 먹을 만하다고 했다. 아내는 한동안 그 과자만 먹었다. 과자라도 먹으니 다행이고 고마운 일이었다.

아내가 냄새에 민감해지다 보니 집에서 밥을 먹는 것도 조심스러웠다. 밥을 먹고 있으면 아내는 김치 냄새가 난다며 인상을 찌푸렸다. 그래서 김치가 든 반찬통 뚜껑을 덮고 있다가 먹을 때만 살짝 열어 먹고 얼른 다시 닫았다. 그러나 이마저도 냄새가 난다고 하니 나도 자연스럽게 입맛이 없어졌다.

아내가 속이 안 좋고 힘들어하니 나도 덩달아 속이 메스껍고 먹는 것에 관심이 가지 않았다. 아내의 임신 기간에 남편이 피로감이나 입덧을 느끼는 것을 '쿠바드 증후군'이라고 한다. 주변 사람들에게 이런 말을 하면 "아내를 너무 사랑하시나 봐요."라는 반응을 보였다. 아내를 사랑하는 마음은 한결같다. 그러나 아내를 위해 이해하고 '해야 할 일'이 많아지면서 내 몸과 정신에도 서서히 이상신호가 나타났다. 아내의 짜증을 무엇이든 받아 줘야 하는 입장이다 보니 무엇을 먹든 소화가 되지 않는 것이었다.

사람은 몸의 기능이 떨어지면 정신적으로도 민감해지고 짜증이 많아진다. 몸과 정신은 연결되어 있다. 아무리 정신력이 강해도 건강에 이상이 생기면 평온한 상태를 유지하기 어렵다.

아내의 출산 이후 너무나도 사랑스러운 아이가 태어났다는 것이 그저 신기하고 온 세상을 다 가진 기분이었다. 그러나 시간이 지나면서 아내는 이전보다 더 심리적으로 불안해하고 온갖 걱정을 다하기 시작했다.

"요즘 동네에 도둑 든 집이 많대. 당신 회사 갔을 때 갑자기 집에 도둑 들어오면 어떻게 해. 무서워."

"번호로 입력하는 현관문도 다 열 수 있대."

"우리 집은 층이 낮은데 도둑이 가스배관 타고 올라오면 어떻게 하지?"

"운전하는 것도 무서워. 내가 조심한다고 사고가 안 나는 것은 아니니까."

그전에는 생각지도 못한 걱정을 많이 했다. 특히 육아하는 엄마들을 위한 인터넷 카페에 올라오는 글들은 아내의 걱정에 기름을 부었다. 조심해서 나쁠 것은 없지만 이것도 과하면 독이 된다. 아내가 왜 그러는지 이해할 수 없었다. 그전에는 활기차고 애교 많던 아내가 이상하게 변하는 것 같았다. '결혼하고 아이 낳으니 이제야 본성이 나타나는 것인가'라는 생각도 들었다. 그러면서도 덩달아 나까지 우울해졌다.

임신을 하면 에스트로겐과 프로게스테론 등 여성 호르몬이 증가한다. 출산 후 이 수치는 급격히 떨어진다. 특히 에스트로겐이 적어질수록 우울감이 심해진다. 심해지면 산후 우울증으로 이어질 수 있다. 산후 우울증은 몸이 무척 피곤해지고 집중이나 결정을 하지 못한다. 이때 남편이 옆에서 신경 써 주지 못하면 외로움을 느끼며 자존감이 바닥을 치게 된다. 남편이 옆에서 잘 보살펴 줘야 한다.

그런데 남자도 산후 우울증이 온다. 정서적으로 가까운 사람끼리는 기분 상태도 전이된다. 아내의 감정 변화가 심하면 남편 또한 동일한 증상을 겪는다. 그러나 정작 남편의 산후 우울증에 대해서는 아무도 관심이 없다. 남자니까 이해해야 하고, 남자니까 참아야 하고, 남자니까 무덤덤해야 한다고 일반적으로 생각한다. 여기에 반기를 들면 오히려 속 좁은 남자로 몰리기 쉽다.

남편의 마음도 불안하고 안정적이지 않은데 아내의 마음을 이해한다는 것은 불가능에 가깝다. 이해한다고 해도 겉으로만 '이해하는 척'밖에 되지 않는다. 이런 행동은 오히려 아내의 불만만 키울 뿐이다. 그렇다고 심리적으로 불안한 아내에게 남편의 마음을 이해시키는 것도 어려운 상황이다. 아내의 산후 우울증은 많은 사람들의 관심을 받으며 대체로 출산 후 1~2개월 이내에 사라진다. 하지만 아빠의 산후 우울증은 하소연할 상대도 마땅치 않아 시간이 지날수록 정도가 심해질 수 있다. 대체로 아내의 출산 후 남편이 겪는 상황은 다음과 같다.

첫째, 가족으로부터 소외감을 느낀다. 아내의 모든 신경이 아이에게만 집중되기 때문이다. 아내는 아이 젖을 먹이고, 수시로 기저귀를 확인하며 아픈 곳은 없는지 온 신경이 집중되어 있다. 그러니 남편은 관심 밖이 되어 버린다. 아내의 관심을 받지 못한 남편은 밖으로 돌거나 육아에서 점점 더 멀어진다. 그러나 아내가 남편에게 무관심해진 것은 아니다. 관심이 더 필요한 아이가 생겼을 뿐이다.

남편은 이를 인정하고 아빠의 시각으로 가정 전체를 보는 넓은 시야와 마음이 필요하다.

둘째, 산후 우울증으로 힘들어하는 아내를 감당하기 힘들어한다. 아내는 급격한 호르몬 변화로 감정 조절에 어려움을 느낀다. 남편이 이성적으로 반격하면 상황만 더 악화될 뿐이다. 남편은 아내가 잠시 병을 앓고 있다고 생각해야 한다. 간호해 주고 보살펴 줘야 하는 환자로 보는 것이다. 대부분 현재의 상태가 계속 유지될 것이라는 생각으로 더 우울해진다. 이 또한 잠시뿐이고 곧 지나갈 것이라고 생각하면 마음이 편해진다.

셋째, 육아와 살림 문제로 아내와 다툰다. 남편이 육아를 하고 있다고 생각해도 아내 입장에서는 한참 부족해 보인다. 아내는 남편이 더 적극적으로 육아와 살림에 동참하길 원한다. 이때부터 회사 일이 힘든지, 육아와 살림이 힘든지를 놓고 서로 싸우게 된다. 각자 자신이 더 손해 본 느낌이 들기 때문이다. 하지만 불필요한 감정 소모를 그만둬야 한다. 아내도 하루 종일 육아로 힘들었고 남편 또한 피곤한 상태라는 사실을 인정해야 한다. 서로 위로하고 응원하는 것이 중요하다.

넷째, 가족에 대한 책임감으로 스트레스를 받는다. 출산으로 인한 지출이 많아지고, 한 사람의 인생을 책임져야 한다는 막중한 의무가 주어진다. 기존에 나 하나만으로도 힘들었는데 이제는 나만을 바라보는 아내와 아이가 생긴 것이다.

이럴 때는 자신의 아버지를 떠올려 보자. 아버지도 지금의 나와 동일한 상황에 있었고 나를 여기까지 키워 주셨다. 아버지가 그러셨듯이 나도 할 수 있다는 자신감을 갖자. 또한 가족의 책임감에 대한 부담감을 긍정적인 생각으로 전환시켜야 한다. 나를 신뢰하고 따르는 지원군이 생겼다고 생각하는 것이다. 지금은 작고 약해 보이는 아이지만 앞으로 크게 성장할 것이다. 아이를 나의 좋은 친구이자 지원자로 생각한다면 압박감이 한결 가벼워질 것이다.

남편의 산후 우울증은 아직 우리나라에서 많은 관심을 받지 못하는 증상이다. 그러나 가족 전체에 매우 큰 영향을 끼칠 수 있다. 같이 예민해져서 다투는 것은 서로에게 전혀 도움이 되지 않는다. 부부가 이전과 다르게 신경이 날카로워지고 짜증이 많아졌다면 서로 다그치는 행동은 자제해야 한다. 어차피 시간은 흐르고 아이는 성장하며 적응해 나갈 수 있다. 혼자만의 걱정과 스트레스로 힘들어하기보다 부부가 현재의 상황을 인정하고, 서로 보듬어 주는 노력이 중요하다. 그러면 힘든 시기를 무사히 넘길 수 있을 것이다.

07

아빠도 휴식이 필요하다

똑같은 생각과 같은 일을 반복하면서
다른 결과가 나오기를 기대하는 것보다 더 어리석은 생각은 없다.

· 알베르트 아인슈타인

"나 결혼한다. 하하."

오랜만에 친구에게 전화가 왔다. 초·중·고등학교를 같이 다니며 청소년 시절을 함께 보낸 친구였다. 학교 친구 중 유일하게 노총각이었는데 드디어 결혼을 한다는 것이다. 그전까지 여자 친구가 있다는 이야기를 듣지 못했다. 갑작스러운 결혼 소식에 놀랍기도 하고 반가웠다. 아내에게 소식을 전해 주니 잘됐다며 기뻐했다. 그 친구는 아내와도 결혼 전에 함께 만났던 터라 잘 알고 지냈다. 아내는 결혼할 사람은 몇 살이며, 어디 살고, 신혼여행은 어디로 가는지, 신혼집은 어디로 정했는지 궁금해했다. 그런데 대답을 할 수가 없었다. 결혼 날짜와 장소만 확인했기 때문이었다.

"그런 것들은 왜 안 물어봤어? 궁금하지 않아?"

"글쎄. 차근차근 물어보면 되지. 우선 결혼식 날짜와 장소만 확인했어."

"그동안 여자 친구 있다는 소식을 못 들었는데 당신은 섭섭하지 않아?"

"그게 왜 섭섭하지? 그럴 수도 있지."

"남자들은 참 쿨하구나. 여자들은 친구들끼리 그런 사소한 것에도 섭섭해하는데."

아내는 친구의 아무런 정보도 모르는 나를 이해하지 못했다. 이처럼 대화에 있어 남녀의 방식이 다른 이유는 무엇일까? 대부분의 남자들은 무의식중에 '목적 있는 대화'를 중요하게 여기기 때문이다. 대화는 정보를 얻고 문제를 해결하기 위한 수단으로 여긴다. 그렇기 때문에 대화의 효율성을 중요시한다. 장황하고 긴 대화를 싫어한다. 논리적이고 간단명료한 대화를 좋아한다.

이와는 반대로 여자들은 '감성적인 대화'를 중요시한다. 자신이 느낀 것을 상대방에게 전달하고 공감해 주길 원한다. 여자에게 대화는 상대방과 친밀감을 상승시키는 수단인 것이다. 그래서 상대적으로 남성보다 여성 간 대화의 양이 많다. 예를 들어 남자 친구들끼리 약속은 장소와 시간만 확인하고 끝난다. 목적을 달성했기 때문에 더 이상 대화는 필요 없는 것이다. 그러나 여자 친구들끼리는 전화통화로 몇 시간을 대화한다. 그 후 자세한 것은 만나서 이야기하자며 끊는다. 공감과 친밀감을 긴 대화를 통해 확인하는 것이다.

남편은 구구절절 이야기하는 아내의 말이 이해되지 않을 때가 많다. 요점만 듣고 싶어 한다. '도대체 나에게 무엇을 원하는 걸까?'를 생각하며 결론을 기다린다. 남자의 뇌는 대화를 시작할 때 많은 에너지를 소비한다. 논리적으로 작동하기 때문이다. 대화 중 나온 문제점을 해결하기 위해 분석한다. 반면 아내가 남편과 대화를 시도하는 것은 친밀도를 향상시키고자 하는 의도가 담겨 있다. 자신이 현재 느끼는 마음을 공감해 주길 바라는 것이다. 해결책을 듣고 싶어 하는 것이 아니다. 그래서 아내는 속상한 일이 있을 때 남편과 대화하며 풀고 싶어 한다. 현재 육아에 대한 힘든 마음을 남편과 나누고 싶은 것이다.

이와는 반대로 남편은 고민이나 속상한 일이 있을 때는 뇌의 스위치를 꺼버린다. 흔히들 말하길 이런 현상을 '동굴에 들어간다'고 한다. 반대로 아내가 동굴에 들어가기도 한다. 연애하는 남녀관계에서도 많이 발생하는 현상이다. 남자는 대화를 하면 뇌가 논리적으로 작동해 끊임없이 분석한다. 이러한 과정은 많은 에너지를 소모한다. 그래서 외부와 단절을 통해 부정적인 감정을 조절하며 쉬고 싶어 하는 것이다. 남자가 동굴에 들어가 외부와 단절하고 쉬려는 욕구는 자연스러운 것이다. 스스로 재충전하며 회복하기 위한 본능인 것이다. 사람은 24시간 전력질주만 할 수 없다. 때로는 앉아서 주변을 돌아보며 한숨을 돌려야 한다.

이런 남편을 보며 아내는 답답함을 느끼고 더욱더 동굴에서 끄집어내려 노력한다. 그럴수록 남편은 깊은 동굴 속으로 더 꽁꽁 숨어 버린다. 아내는 대화를 통해 자신의 마음을 전달하고 소통하길 원하지만 남편이 숨기만 하니 미칠 노릇이다. 대화 자체가 줄어드니 남편에게 더 이상 사랑받지 못한다는 느낌을 받는다. 그러면서 부부간의 오해가 생기고 많은 갈등이 발생한다. 이러한 부부간의 갈등을 해결하기 위한 방법은 몇 가지가 있다.

첫째, 부부가 서로 다름을 인정한다. 무지개의 색상은 여러 개가 있지만 그중 옳고 그른 색은 없다. 파란색은 옳고 검은색은 그르다고 할 수 없는 것이다. 각자 개성 있는 색일 뿐이다. 배우자를 잘못 만났기 때문이라는 생각은 버리자. 단지 다른 종족을 만났다고 생각해 보자. 배우자가 나쁜 것이 아니다. 단지 나와 다를 뿐이다. 남녀 간의 차이를 인정하고 이해하는 것이 관계 개선의 시작이다.

둘째, 긍정적인 언어를 사용한다. 흔히들 "당신은 이런 것이 문제야.", "그것 좀 고쳐.", "당신 때문에 애가 사고 치잖아.", "힘들어 죽겠어."라는 부정적인 언어를 사용한다. 사람의 입에서 나온 말은 에너지를 가지고 있다. 소리가 언어를 통해 형태와 의미를 만들어 귀에 들어온다. 이러한 말은 우리의 잠재의식에 쌓이며 물리적인 현실로 나타난다. 그러므로 상대방에 대한 비난과 판단은 부부 사이에 전혀 도움이 되지 않는다. 옳고 그름의 판단을 멈추고 공감에 집중해 보자. 공감이 되지 않더라도 "그랬구나.", "고생했네.", "당신

대단하다."라며 긍정적인 언어를 사용해야 한다. 서로 응원하며 지지하는 마음 자세가 중요하다.

셋째, 서로에게 공간과 시간을 준다. 높이 점프하기 위해서는 무릎을 구부릴 약간의 공간과 몇 초간의 시간이 필요하다. 마찬가지로 가정에 충실하기 위해서는 재충전을 해야 한다. 자신만의 공간과 시간이 필요한 것이다. 서로를 억지로 동굴에서 꺼내려 노력하기보다 스스로 나오길 기다려 줘야 한다.

아이들을 재우고 조용히 나와 책을 보고 글을 쓰는 것은 나에게 유일한 휴식이다. 잠이 부족한 경우도 있지만 나에게는 더 큰의미가 있어 멈출 수 없다. 나 자신과 마주하며 내면의 소리를 듣는 사람이 세상에 몇 명이나 될까?

공간과 시간을 스스로 확보하려는 노력이 필요하다. 이것은 아내가 배려해 줄 수도 있지만 대부분 쉽지 않은 일이다. 그러니 자신의 휴식시간을 억지로라도 확보해야 한다. 여기서 휴식은 물리적인 것보다 정신적인 휴식을 의미한다. 자신이 좋아하는 일을 하는 것도 휴식의 한 방법이다. 자전거, 산책, 낚시, 좋아하는 음악 듣기, 독서 등 나에게 맞는 휴식을 찾아보자. 재충전된 에너지로 배우자와 육아에 더 충실할 수 있을 것이다.

08

아빠도 가끔은 위로받고 싶다

당신이 할 수 있다고 믿든, 할 수 없다고 믿든 믿는 대로 될 것이다.

・헨리 포드

　어릴 적 비 오고 난 뒤에 뜨는 무지개를 보면 항상 신기했다. 크고 예쁜 색깔을 내는 무지개는 내 호기심을 자극했다. 무지개의 끝은 어떻게 생겼는지, 손으로 잡아 보고 싶다는 생각이 들었다. 그래서 무지개를 향해 하염없이 걸어갔다. 걷고 또 걸었지만 무지개와의 거리는 좁혀지지 않았다. 점점 주변의 환경이 낯설어지고 처음 보는 길이 보였다. 이대로 가다간 길을 잃을 것 같아 아쉬움을 뒤로하고 집으로 돌아왔다. 지금 생각하면 무모한 행동이었지만 그 당시에는 순수했다.

　아이에게 무지개 색깔 중 어떤 색이 좋은지 물으면 주로 '빨간색'이라고 대답했다. 로봇이나 요즘 나오는 캐릭터들이 빨간색인 것이 많은 것도 영향을 미친 것 같았다. 어느 날은 '노란색'이 가장 좋다고 하고 다른 날은 '파란색'이 좋다고 했다. 그날그날 기분에 따라 좋아하는 색이 다른 것이다.

사람의 감정 또한 비슷하다. 어느 날은 기분이 좋다가도 다른 날은 화가 나기도 하고 우울할 때도 있다. 화가 나거나 우울한 감정이 나쁜 것은 아니다. 빨간색은 나쁘고 파란색은 좋다고 말할 수 없는 것처럼 감정도 있는 그대로 받아들여야 한다. 감정에 좋고 나쁨은 없다.

우울한 감정을 느꼈다고 해서 나쁘게만 생각할 필요는 없다. 억지로 이런 감정을 떼어내려고 하는 것은 오히려 부작용만 일어날 수 있다. 예를 들어 대부분의 사람들은 고통을 부정적으로 생각한다. 배가 아프거나 상처가 생기는 등 부정적인 감각으로 인식하는 것이다. 그러나 고통이 나쁘기만 한 것은 아니다. 뜨거운 것을 만졌을 때 얼른 손을 뗌으로서 더 큰 상처를 예방할 수 있다. 고통이 없다면 손에 화상을 입어도 알아차릴 수 없다. 더 큰 피해를 입게 될 것이다. 고통은 우리를 보호하기 위한 안전장치인 것이다.

반대로 긍정적인 감정도 과하면 독이 될 수 있다. 사랑하는 것은 긍정적인 감정이다. 그러나 사랑도 과하면 스토커가 될 수 있다. 자신의 감정에 치중한 나머지 상대방의 감정을 보지 못하는 것이다.

감정을 대할 때 가장 중요한 점은 좋고 나쁜 감정은 없다는 것을 인지하는 것이다. 한쪽으로 치우치지 않게 조절해야 한다.

주말 저녁에 서준이가 갑자기 빵이 먹고 싶다고 했다. 그래서 첫째, 둘째 아이들과 함께 집을 나섰다. 서준이는 킥보드를 타고 나는 둘째 아이를 안고 걸어갔다. 저녁이라 킥보드가 조금 위험해 보였지만 길만 건너면 바로 빵집이라 괜찮을 것으로 생각했다.

횡단보도를 건너서 빵집에 도착했다. 아이들은 빵집을 누비며 장난을 쳤다. 아이들에게 주의를 주며 쟁반에 빵을 열심히 담았다. 계산을 하고 아이들과 빵집을 나왔다. 인도를 걸어가는데 킥보드를 탄 서준이가 앞장서 가고 있었다. 안고 있던 유준이가 칭얼거려 잠깐 내렸다가 다시 안았다. 그 사이 서준이는 인도를 벗어나 도로 쪽으로 킥보드를 타고 갔다. 인도와 차도 사이에 턱이 없는 곳이었다. 앞도 보지 않고 땅을 보고 가고 있는 것이었다. 그때였다.

"빠앙!"

지나가던 차가 아이를 피하면서 경적을 울렸다. 너무 놀라 서준이에게 달려갔다. 아이는 아무렇지도 않은 듯 다시 인도 쪽으로 돌아왔다.

"서준아! 차도로 가면 어떻게 해! 앞을 잘 보고 가야지! 큰일 날 뻔했잖아!"

아이에게 버럭 소리를 질렀다. 서준이는 놀랐는지 그제야 울음을 터트렸다. 갑작스러운 일에 가슴이 철렁했다. 하마터면 큰 사고로 이어질 수 있었는데 부주의한 아이에게 화가 났다. 마음을 진정시키고 아이를 안아 주었다. 앞을 잘 보고 가야 되고, 차도는 차가

다니는 곳이니 위험하다고 알려 주었다. '내가 좀 더 신경 썼어야 했는데'라는 후회도 들었다. 아이를 키우면서 크고 작은 사건 사고는 계속 일어났다. 그럴 때마다 욱할 때가 한두 번이 아니었다. 아이를 사랑하는 마음은 있지만 동시에 화도 나는 것이다.

일반적으로 '사랑'의 반대말은 화, 질투, 미움이라고 생각한다. 그러나 사랑의 반대말은 '두려움'이다. 화, 질투, 미움 등은 모두 두려움이 겉으로 드러난 모습에 지나지 않는다. 두렵기 때문에 화가 나고, 질투심이 생기고, 미운 감정이 생긴다. 인간은 누구나 두렵다. 상대방으로부터 사랑받지 못할 것이란 두려움, 무시당하는 것에 대한 두려움, 안전하지 못할 것이라는 두려움으로 여러 가지 감정이 표출되는 것이다. 화를 잘 내는 사람은 그만큼 두려워하는 것이 많기 때문이다.

나 또한 항상 두렵다. 다른 사람에게 무시당할까 두렵고, 미움받을까 두렵고, 버려질까 두렵고, 일이 안 풀리면 실패할까 두렵고, 가족이 다칠까 봐 두렵다. 이러한 두려움은 짜증, 미움, 질투, 분노 등의 감정으로 나타난다. 아이가 위험한 행동을 했을 때 다칠까 봐 두렵기 때문에 화가 나는 것이다. 앞서 언급했듯이 이러한 감정의 좋고 나쁨은 없다. 단지 한쪽으로 치우지지 않기 위해 조절하는 방법을 알아야 한다.

화를 조절하는 방법은 몇 가지가 있다.

첫째, 제3자의 눈으로 나를 바라보는 것이다. 내가 화를 내고 있는 모습을 객관적인 제3자의 눈으로 바라보라. 내가 겪는 일이 영화의 한 장면이라고 생각하는 것이다. 해피엔딩으로 끝나는 영화 말이다. 나는 배우가 되어 연기를 하고 있다고 생각하고 관객의 눈으로 나를 바라본다. 그러면 현재의 화, 걱정, 시련이 아무것도 아닌 일이 되며 마음이 가벼워진다.

둘째, 화의 이미지를 상상하고 이름을 붙여 준다. 내 안의 화를 겉으로 꺼내서 모양과 색으로 표현해 보는 것이다. 내 안의 화는 울퉁불퉁한 감자처럼 생겼고 노란색이라고 이미지를 상상했다. 이 녀석에게 '똘망이'라는 이름을 붙여 주었다. 똘망이는 나와 평생을 함께하는 녀석이라고 생각했다. 가끔씩 모습을 드러내는 이 녀석을 부정하지 않고, 있는 모습 그대로 인정했다. 화가 나면 심호흡을 하면서 똘망이를 바라봤다.

'아, 똘망이가 나왔구나. 뭔가 문제가 있었나 보네. 괜찮아. 다 좋아질 거야.'

이렇게 혼자 말하며 쓰다듬어 주면 신기하게도 똘망이가 누그러지며 화가 없어졌다.

셋째, 화의 감정에서 돌아서는 것이다. 하늘에 떠 있는 태양도 고개를 돌려 더 이상 안 볼 수 있다. 화가 났을 때 그 감정 안으로 들어가지 말고 스스로 돌아서는 연습을 평소에 해야 한다. 대부분 어쩔 수 없이 화가 난다고 생각한다. 하지만 내 감정은 내가 조절할 수 있다고 자기 암시가 필요하다.

공감은 남을 위로하는 능력도 있지만 남에게 위로받는 능력도 포함된다. 아빠의 몸 컨디션이 좋지 않고 에너지가 떨어지면 공감 능력이 떨어지며 위로받기도 힘들어진다. 내가 지쳤을 때 위로받아야 하는데 감성 에너지를 받는 것도 쉽지 않은 마음의 상태가 되는 것이다. 스트레스로 인해 감성 시스템이 붕괴되기 때문이다.

이럴 때는 스스로 감정을 바라보며 조절하는 능력이 필요하다. 객관적으로 자신을 바라보는 훈련을 하는 것이다. 반복적인 훈련으로 불편한 감정을 편한 상태로 조절할 수 있다. 아빠의 편안한 감정은 가정 분위기에 그대로 반영된다. 두려움에서 벗어나 긍정적인 가정 분위기를 만들어 보자.

지금이 바로
아빠 육아가 필요한
타이밍이다

01

아빠 놀이는
아이를 위한 특효약이다

가정은 있는 그대로의 자신을 표현할 수 있는 장소다.

· 앙드레 모루아

"블록놀이 할 거예요."

"아빠가 멋진 성 만들어 줄까?"

"아니, 아니. 내가 만들 거예요. 내가. 내가."

서준이는 아빠가 먼저 성을 만들까 봐 급하게 블록으로 성을 쌓았다. 머리를 쓰다듬어 주며 블록 쌓는 모습을 지켜보았다. 아이는 블록으로 성을 높게 쌓을 거라면서 위로만 쌓고 있었다. 그러다 엉성하게 해놓은 부분이 기울어지며 무너졌다. 몇 번 그렇게 반복하다 아이는 씩씩거리며 짜증을 냈다. 그나마 쌓은 블록도 무너뜨렸다.

"서준아. 할 수 있어. 다시 천천히 해 봐. 아빠랑 같이 해 보자."

아이에게 할 수 있다고 응원해 주었다. 아이가 블록을 쌓으면 엉성한 부분만 조금씩 조정해 주었다. 몇 번 더 쓰러지긴 했지만 다시 해 보자고, 할 수 있다고 응원하며 재도전했다. 그렇게 성이 완성되고 아이와 하이파이브를 했다. 아이는 신나하며 쌓은 성 주변으로 장난감을 가져왔다. 장난감끼리 성 주변을 돌며 서로 잡는 놀이를 했다.

아이들과 어떻게 놀아야 할지 모르겠다는 부모들이 많다. 다음 세 가지 조건만 명심하면 된다.

첫째, 아이에게 주도권을 넘겨 줘야 한다. 놀이는 아이를 위한 것이므로 부모보다 아이가 하고 싶은 놀이를 해야 한다. 아이는 자신이 원하는 놀이를 할 때 가장 큰 즐거움과 흥미를 느낀다. 아이가 즐거움을 느낀다면 사소한 것이라도 놀이가 될 수 있다.

둘째, 아이 스스로 자발성을 가질 수 있게 해야 한다. 놀이를 할 때 옆에서 보다 보면 답답하고 실패가 뻔히 보이는 경우가 많다. 그래서 놀이에 자꾸 개입하며 실패를 예방해 주려 한다. 그러나 아이는 놀이를 통해 실패를 경험해야 한다. 그런 반복 경험을 통해 성공하는 방법을 알아나갈 수 있는 것이다.

블록을 쌓으며 "이렇게 하면 무너지니 튼튼하게 해야지."라며 잔소리를 하면 그것은 놀이가 아닌 노동이다. 아이가 스스로 자발적으로 논다고 할 수 없다. 무너져도 다시 쌓을 수 있도록 응원만 해 주면 된다. 놀이에 크게 간섭하지 않는 것이 좋다. 옆에서 관찰

하며 아이의 의도를 이해하고 따라 주는 것이 중요하다.

셋째, 놀이는 단순해야 한다. 간혹 놀이를 통해 한글, 영어, 숫자 등을 가르치려는 부모들이 많다. 놀이를 학습의 도구로만 생각하는 것이다. 놀이에 목적을 둔다면 그것은 더 이상 재미있는 놀이가 아니다. 놀이는 즐거움을 위한 것이다. 그런데 놀이를 통해 뭔가를 가르치려고 하면 아이는 어느 순간 긴장해 버린다. 놀이에 흥미를 잃게 되고 오히려 스트레스를 받는다. 아이들은 놀이를 통해 스스로 사회성, 인지능력, 자존감 등을 배워 나간다. 굳이 학습과 연결하지 않아도 된다. 아무런 목적 없이 아이 스스로 놀이를 선택해 주도해 나간다면 아이와 아빠 모두 즐거운 놀이가 될 것이다.

"서준이, 유준이, 채윤이. 아빠 왔다."

"아빠!"

퇴근하고 집에 가면 아이들은 내게 달려온다. 셋째 채윤이는 활짝 웃으며 기어온다. 두 아들은 종종 내 발에 매달려 놔 주지 않는다. 옷을 갈아입으러 방에 가면 내 발에 질질 끌려오며 즐거워한다. 옷을 갈아입고 씻으러 가는 길도 험난하다. 양 다리에 매달려 있는 아이들을 끌고 걸어가야 한다. 거실에서 빙빙 돌며 원심력의 힘을 이용해 아이들을 떨어뜨려 놓고 얼른 화장실로 들어간다.

어느 날은 힘들어서 아빠 좀 제발 놔달라고 했다. 하지만 '얼마나 놀고 싶으면 그럴까' 하는 마음에 하고 싶은 대로 놔두었다. 짧은 시간이라도 아이들은 아빠와 어떻게든 놀고 싶어 한다. 엄마와 노는 것과는 다르기 때문이다. 엄마는 정적인 놀이 위주로 한다. 책을 읽거나 미술놀이 등 앉아서 하는 놀이가 대부분이다. 아빠는 아이를 들어 올리고 빙빙 돌거나 잡기 놀이 등 주로 동적인 놀이가 많다. 엄마가 하지 못하는 부분을 아빠가 놀이를 통해 아이를 만족시켜 줄 수 있는 것이다. 아이의 좌뇌와 우뇌 모두 골고루 발달시켜 줄 수 있다.

아빠의 신체놀이는 아이들의 행동발달에 큰 영향을 미친다. 아빠와 신체놀이를 자주 하는 아이들은 공격성이 감소하고 감정과 생각을 조절하는 능력이 높아진다. 아이들의 정서발달에 아빠의 신체놀이가 큰 도움이 되는 것이다. 아이는 엄마와 함께 있으면 알게 모르게 불만이 쌓인다. 엄마도 육아에 힘들었고 스트레스가 쌓인 상태이므로 엄마의 정서가 아이에게 전달되는 것이다. 이런 아이의 불안이나 스트레스와 같은 부정적인 감정을 해소하는 데 아빠의 신체놀이는 특효약이다. 아이들과 몸으로 놀고 난 후에는 아이들의 정서가 안정되며 밝아짐을 확인할 수 있었다.

아이들과 놀다가 신경 안 쓰는 척하면 옆으로 슬금슬금 다가온다. 그러다 갑자기 "으악!" 하며 아이들에게 달려가면 웃으면서 도망간다. 다시 원위치로 와서 다른 곳을 쳐다본다. 그러면 아이들은 다시 슬금슬금 다가온다. 조금 전보다 더 가까이 왔을 때 "으악!"

하면 깜짝 놀라 도망간다. 어느 정도 도망갔을 때 다시 제자리로 오거나 끝까지 쫓아가기도 한다. 서준이를 쫓아가다가 갑자기 방향을 바꿔 유준이를 향하면 더 깜짝 놀라며 도망간다. 아이들이 도망갔을 때 몰래 숨어 있기도 한다.

"아빠! 아빠! 엄마. 아빠 어디 갔어요?"

"엄마도 모르겠네. 한번 찾아봐."

아내는 그런 모습을 흐뭇하게 바라본다. 아이들은 아빠를 찾느라 집 이곳저곳을 돌아다닌다. 주방에 숨어 있다가 아이들이 다가오면 다시 "으악!"하며 쫓아간다. 아이들은 "꺄악!" 소리를 지르며 웃으면서 도망간다. 이런 아이들의 모습을 보며 알 수 없는 희열을 느끼기도 한다. 몇 번 이런 식으로 놀면 아이들은 온몸이 땀으로 범벅된다. 그래서 신체놀이는 주로 목욕하기 전에 한다. 놀다 지쳐 잠시 누워 있으면 아이들이 달려와 내 몸에 올라탄다. 밟고 누르고 비벼대는 통에 마치 장난감이 된 기분이다. 그래도 이렇게 신나게 놀고 나면 잘 잔다.

아빠와의 놀이는 매우 불규칙하다. 엄마의 놀이는 정적으로 일정하지만 아빠는 아이를 놀라게 한다. 갑작스러운 흥분상태가 반복된다. 이러한 과정을 통해 감정과 생각을 조절하는 능력을 키우게 되는 것이다. 신나는 놀이를 통해 즐거운 흥분상태를 경험했기 때문에 스스로 감정을 조절할 수 있는 것이다. 아빠와 함께 왁자지껄한 신체 놀이를 즐기다 보면 오히려 차분하고 안정적인 아이로 자랄 수 있게 된다.

아빠에게는 엄마에게 없는 비장의 무기가 있다. 그것은 바로 아빠의 몸으로 하는 놀이다. 준비 시간도 필요 없고 바로 시작 가능한 최고의 놀이인 것이다. 아빠의 몸은 아이들에 환상적인 놀이터다. 아이들과의 놀이를 어려워할 필요는 없다. 단지 주도권을 넘겨주고 관찰을 통해 아이들이 원하는 놀이를 할 수 있도록 공간과 시간만 열어 주면 된다. 몸을 이용해 아빠 특유의 불규칙한 놀이를 하다 보면 아이들에게 최고의 아빠가 될 것이다.

02

아빠의 지금 모습이
아이의 미래 모습이다

아이에게는 비평보다 몸소 실천해 보이는 모범이 필요하다.
· J. 주베르

나는 초등학교 때 이사를 몇 번 했다. 멀리 간 것은 아니고 살던 집 근처로 이사했다. 이사한 다음날 학교에 다녀오면서 '마저 집 정리를 해야지'라는 생각으로 걸어갔다. 걷다 보니 이전에 살았던 집 앞에 있었다. '내가 왜 여기로 왔지?'라고 의아해하며 다시 이사한 집으로 돌아가야 했다. 무의식중에 예전에 걸었던 길을 계속 걸어갔던 것이다.

사람은 익숙한 패턴을 무의식적으로 따른다. 우리의 뇌는 작동하는 것을 최소화하려는 성향이 있기 때문에 반복되는 것은 패턴으로 만들어 버린다. 나중에는 최소한의 뇌 작동으로 패턴에 따라 행동할 수 있는 것이다. 이것은 운전하는 것과 비슷하다. 처음 운전을 배울 때는 힘들고 온몸에 땀이 난다. 그러다 운전이 익숙해지면 힘들이지 않고 편안하게 할 수 있다. 뇌가 운전하는 방법을 패턴으로 만들었기 때문이다.

감정도 무의식중에 패턴으로 만들어진다. 외부 자극에 의해 뇌의 신경회로에서 어떠한 감정으로 반응할지 결정한다. 예를 들어, 누군가가 자신을 비난하면 자동으로 공격적인 감정을 표출하는 것이다. 어린 시절 부모의 특정 감정을 반복적으로 경험하게 되면 뇌의 신경회로가 패턴으로 만들어진다. 그래서 비슷한 자극이 들어오면 이성적 판단 이전에 정해진 감정의 패턴에 의해 반응하게 되는 것이다. 특히 스트레스를 받는 상황에서는 더 심해진다.

아이는 부모의 행동뿐만 아니라 감정도 모방한다. 이것을 '감정의 학습'이라고 한다. 부모에게 받은 부정적인 감정이 반복되면, 성인이 된 이후 비슷한 자극이 주어졌을 때 자동적으로 부정적인 반응을 하게 되는 것이다. 아버지의 모습이 죽도록 싫었지만 자신 또한 아버지처럼 행동하게 되는 경우가 여기에 해당된다.

가끔 작은 비판에도 예민하게 반응하는 사람들이 있다. 그런 사람들은 쉽게 분노하고 좌절한다. 감정의 학습으로 어린 시절의 부정적인 패턴을 벗어나지 못한 것도 한몫했을 것이다.

"화가 나서 도저히 참을 수 없더라고요. 제가 왜 그랬는지 모르겠어요."

아내와 문제가 있는 30대 중반의 강현성 씨를 상담한 적이 있다. 현성 씨는 조용한 성격의 소유자였다. 그런데 아내와 대화 중 서로 생각이 달라 언성이 높아졌고 결국 분노에 휩싸여 참을 수 없었다고 했다. 결국 그는 안방 문을 걷어차고 물건을 던졌다. 아내를 때리려다가 겨우 참고 안방 문에 화풀이를 한 것이다. 문제는 이런 경우가 자꾸 되풀이된다는 것이었다. '그러지 말아야지' 하면서도 아이들 앞에서도 종종 그런 모습을 보였다. 심지어 아이들에게도 불같이 화를 내곤 했다.

그의 어린 시절 이야기를 들어보니 원인을 알 수 있었다. 어릴 적 현성 씨의 부모님은 종교 문제로 종종 다툼이 있었다. 아버지는 교회를 못 다니게 하고, 어머니는 반대에도 불구하고 계속 교회를 다니셨던 것이다. 그러던 어느 날 심하게 다툰 후 아버지는 방문을 잠그고 어머니에게 손찌검을 했다. 방 안에서 어머니의 우는 소리가 들렸다고 한다.

현성 씨는 잠긴 문을 두드리며 아무것도 할 수 없는 자신을 자책하며 울었다고 한다. 아버지에 대한 미움과 무력감에 휩싸였고, 모든 것을 자신의 탓으로 생각했다. 그는 어머니를 구하지 못한 자신과 아버지에 대한 원망으로 지금까지 힘들어하고 있었다. 그리고 그토록 밉던 아버지의 행동을 자기 자신도 하려는 모습에 깜짝 놀랐다고 한다. 나는 현성 씨 마음의 상처를 치료하기 위해 다음과 같이 조언해 주었다.

"아버지도 지금의 현성 씨처럼 미숙한 아빠였을 겁니다. 지금

현성 씨는 그때보다 성숙한 어른이 되었어요. 어릴 적 기억으로 돌아가서 상처받고 자신의 탓으로 생각하며 울고 있는 자신을 꼭 끌어안아 주세요. 아버지를 억지로 용서하려고 하지 말고, 단지 원망의 감정을 있는 그대로 존중해 주세요. 아버지도 할아버지에게 그렇게 똑같이 배웠을 겁니다. 부정적인 생각이 들 때마다 어린 시절 자신을 사랑의 마음으로 끌어안아 주세요. 내 탓이 아니라고, 괜찮다고, 좋아질 것이라고 어린 자신을 사랑의 마음으로 응원해 주세요."

그렇게 몇 주가 지나고 현성 씨로부터 연락이 왔다. 마음이 한결 가벼워졌으며 아버지를 온전히는 아니지만 어느 정도 용서할 수 있다고 했다. 아버지를 사랑의 마음으로 바라보니 분노보다 측은한 마음이 들었다고 했다. 내면의 상처는 시간이 지나면서 치유되는 경우도 있다. 하지만 현성 씨와 같이 마음의 상처에 염증이 나고 곪아 터져 문제가 발생하는 경우가 생긴다. 겉으로는 아무 문제가 없어 보여도 상처의 부작용이 생기기 마련이다.

많은 아빠들이 아버지 세대의 부정적인 면을 따라 하고 있다는 것을 깨닫고 충격을 받는다. 자신이 그토록 미웠던 아버지의 모습을 그대로 재현하고 있는 것이다. 내가 좋든 싫든 상관없이 아버지의 영향력은 대단하다. 심지어 이러한 부정적인 행동은 세대를 거칠수록 왜곡되고 강화된다. 아버지에게 받은 부정적인 패턴은 내 아이에게 전달되고, 그 후손에게 계속 전달되는 것이다. 이러한 패턴을 막기 위한 방법이 2가지 있다.

첫째, 아빠 자신의 상처를 치유해야 한다. 과거의 상처는 감정의 뇌인 변연계에 저장된다. 이 기억은 시간 개념이 없어 과거와 현재를 구분하지 못한다. 시간이 지나도 현재의 일처럼 여기게 되어 계속 자신을 괴롭힌다. 과거의 감정에서 벗어나기 위해서는 힘들었던 감정을 충분히 표현해야 한다. 그리고 아버지를 한 발자국 뒤로 물러나 봐야 한다. 아버지의 긍정적이면서 부정적인 부분을 생각해본다. 이런 과정을 통해 나를 괴롭혀온 아버지를 조금이라도 객관적으로 이해할 수 있게 된다. '아버지도 지금의 나처럼 가장의 책임감으로 불안하셨구나'라고 객관화하는 것이다. 그러면 상처의 기억은 뇌의 변연계에서 신피질로 이동한다. 즉 현재가 아닌 과거의 단순한 기억이 된다. 이 단계에 이르면 더 이상 감정의 에너지를 소비하지 않게 된다. 결국 나에게 상처를 준 아버지를 과거로 돌려보낼 수 있게 된다.

둘째, 아빠의 정신적인 성숙이 필요하다. 정신적으로 성숙하지 못하면 아내와 갈등이 일어나고 아이에게도 불안과 스트레스를 줄 수 있다. 이런 부정적인 환경에서 자란 아이는 세상을 위험한 장소로 생각하고 사람을 쉽게 믿지 못하는 경향이 생긴다.

반면에 아빠가 정신적으로 성숙한 환경에서 자란 아이는 부모와 안정적인 애착을 형성할 수 있다. 아이는 자신이 사랑받고 의미 있는 존재라고 생각하며 보호자를 신뢰할 수 있게 된다. 이것을 '내적 작동 모델(internal working model)'이라고 하는데 어린 시절에 형성된 작동 모델은 어른이 되더라도 잘 수정되지 않는다. 그렇기 때문에 아이가 한 살이라도 어릴 때 아빠의 정신적인 성숙이 필요한 것이다.

이 책을 보는 아빠들은 악순환의 고리를 지금 끊기를 바란다. 내 아이와 더불어 손녀, 손자, 그리고 그 후손들에게 이런 부정적인 아버지의 모습을 답습하는 고리를 끊도록 노력해야 한다. 아빠는 아이의 최초 롤 모델이다. 지금의 내 모습이 내 아이의 미래 모습인 것이다. 악순환의 고리를 끊고 내 아이에게 훌륭한 롤 모델이 되어 보자.

03

육아도 전략과 전술이 필요하다

얼핏 보기에 작은 일이라도 전력으로 임해야 한다는 사실을 잊지 마라.
작은 일을 성취할 때마다 인간은 성장한다. 작은 일을 하나씩 정확하게 처리하면
큰일은 저절로 따라오는 법이다.

· 데일 카네기

　　군대 말년 휴가를 나왔을 때의 일이다. 대학교 새 학기가 시작
되는 시점과 맞물려 복학 신청을 했다. 제대 후 공백 기간 없이 바
로 학교를 다니기 위해서였다. 이때는 복학 신청서에 학번 대신 군
번을 써서 제출할 정도로 민간인 생활에 적응을 못했었다. 말년 휴
가 기간 동안 학교 수업을 듣는데 교수님께서 갑자기 전략과 전술
의 차이를 답해 보라고 하셨다. 군대 갔다 온 사람들은 당연히 다
알 것이라고 하시는데 대답을 할 수 없었다. 군대에서 훈련만 받았
지 전략과 전술에 대해 따로 배운 기억이 없었던 것이다.

　　쉽게 이야기해서 전략은 큰 그림을 그리는 것이고, 전술은 세부
적인 방법을 의미한다. 어떤 병력으로 어디서 싸우고, 어떻게 견제
할지에 대한 전체적인 계획이 전략이다. 병력을 어떻게 배치하고 진

영을 구성할지 구체적으로 세우는 것이 전술이다.

이러한 전략과 전술은 군대에서뿐만 아니라 육아에도 적용된다. 육아의 전체적인 방향(전략)과 그에 맞는 세부적인 방법(전술)이 필요한 것이다.

언제부터인가 프렌디(friendy)라는 말을 자주 듣는다. 프렌드(friend)와 대디(daddy)를 합친 신조어로 '친구 같은 아빠'를 뜻한다. 가부장적이고 무뚝뚝한 예전 아버지들과 달리 요즘 아빠들은 아이에게 친구 같은 아빠가 되고 싶어 한다.

나도 한때는 친구 같은 아빠를 꿈꿨다. 그런데 실제 육아를 경험해 보니 친근함만으로는 한계가 있었다. 아이가 문제행동을 할 때는 확실한 제재가 필요하기 때문이다. 자녀가 잘못했을 때 무조건 덮어 주려고만 하는 아빠는 '직무유기'에 가깝다. 아빠는 아이가 성장함에 따른 명확한 제한선을 설정하고 아이에게 알려 줘야 한다. 제한선이란 행동의 한도를 정하고 그것을 넘으면 제재해야 한다는 것이다.

언젠가부터 서준이는 기분이 안 좋으면 물건을 던지는 버릇이 생겼다. 몇 번 경고를 했음에도 계속 물건을 던졌다. 그래서 눈을 마주치고 분명하고 진지한 목소리로 말했다.

"물건 던지면 안 되는 거야. 다시 주워 와."

그래도 말을 듣지 않아 조용한 안방으로 아이를 데려가서 말했다.

"물건 던지면 엄마나 동생들 다칠 수 있어. 자꾸 그러면 아빠는 속상해. 던진 물건 다시 가지고 오는 거야."

"네."

다시 거실로 나와 물건을 가져오는 아이를 보며 박수를 쳐 주고 잘했다고 응원해 주었다.

제한선에 따라 자란 아이는 인생에 규칙과 질서가 있음을 알게 된다. 그런 과정을 통해 자신의 욕구를 적절히 통제하는 능력을 키울 수 있다. 이러한 아이는 자아가 뚜렷해지고 사교성과 자립심이 강해진다. 사춘기가 와도 제한선을 넘어서려고 반항하는 경우가 적다. 오히려 제한선을 제공받지 않은 아이는 사춘기가 왔을 때 분노 표출과 비행행동이 증가한다는 연구 결과도 있다.

프렌디란 말에 현혹되어 자율성만 주고 통제를 느슨하게 해서는 안 된다. 자율성과 통제의 균형을 이루는 것이 중요하다. 아이들도 자율성만 주는 것보다 적절한 통제 상태에서 심리적으로 편안하게 느낀다는 것은 많은 연구에서 입증하고 있다.

훈육을 어떻게 해야 할지 모르겠다는 부모들이 많다. 훈육이란 결국 아이에게 제한선, 즉 규칙을 알려주는 것이다. 아이가 규칙을 알고 스스로 욕구를 조절할 수 있도록 돕는 것이 훈육이다. 매를 들고 엄하게 다스리는 것은 훈육이 아니다.

이러한 훈육은 하루아침에 이루어지지 않는다. 평소 아이와 애착이 잘 형성된 상태에서 훈육이 가능한 것이다. 아이와 평소 놀지도 않고 서먹서먹한 상태인데 갑자기 훈육을 하려 하면 통하지 않는다. 애착을 형성하려면 평소 아이와 눈 맞추고, 스킨십하고, 육아에 적극적이어야 한다.

아이를 키우면서 제한선을 명확하게 정하고 키우기란 말처럼 쉽지는 않다. 부모가 분명한 규칙을 말했음에도 아이가 듣지 않는 경우가 있다. 결국 아이에게 계속 끌려 다니는 것이다. 다음과 같은 전술을 가지고 시도해 본다면 한결 수월해질 것이다.

첫째, 제한선을 구체적으로 말한다. 아이가 뛰어다닐 때 "그만 뛰어다녀."보다는 "여기 앉아."라고 구체적인 행동을 알려 준다. 부모가 생각하기에는 명확해 보여도 아이들은 모호한 말일 수 있다.

둘째, 눈을 마주 보며 이야기한다. 부모가 TV를 보거나 부엌에서 일을 하며 말하기보다 아이에게 다가가 눈을 보며 이야기해야 한다. 아이는 집중해서 노느라 멀리서 말하는 부모의 말을 듣지 못할 수도 있기 때문이다.

셋째, 질책보다는 해결책을 제시한다. 내가 예전에 진흥원에서 근무할 때의 일이다. 공공기관 통폐합으로 다른 기관과 통합되면서 팀장님이 새로 오셨다. 그 팀장님의 눈에는 기존의 일하는 방식이

나 사업이 마음에 들지 않았던 모양이다. 하지만 직원과 업무 대화 시 '왜'라는 말을 하지 않았다.

"그래. 기존에 그렇게 일을 했으면 그건 과거의 일이고. 앞으로가 중요하지. 이제부터 어떻게 할지 이야기해 봅시다."

기존에 '왜'라는 질문이 떨어지면 '때문에'라는 말을 해야 하기에 변명을 하게 된다. 변명을 하는 사람도 듣는 사람도 서로 기분이 유쾌하지 않다. 하지만 앞으로 어떻게 해야 할지를 묻는다면 좀 더 건설적인 해결 방향에 대해 대화할 수 있게 된다.

육아도 마찬가지다. 아이가 장난감을 어질러 놓았을 때 "왜 그랬어?"라는 말은 변명을 요구하는 말이다. 그 대신에 "거실이 지저분한데 어떻게 해야 할까? 같이 정리할까?"라고 해결책을 같이 찾는 것이 효과적이다. 부모와 아이 모두 감정적인 에너지를 소모하지 않아도 되기 때문이다.

넷째, 아이와 앞으로의 계획을 같이 세운다. 아이가 집중해서 놀고 있는데 갑자기 하지 말라고 하면 따르기 힘들다. 아이에게도 마음의 준비가 필요하다. 놀이터에 놀고 있는 아이에게 "몇 번 더 타고 집에 갈 거야?"라고 물어본 후 아이가 말한 횟수가 끝나면 가는 것이다. 아이가 자신의 일을 마무리할 수 있게 시간을 주는 것도 중요하기 때문이다.

다섯째, 갑자기 화내지 않는다. 이 부분이 가장 어려운 부분일 수 있다. 아이를 키우다 보면 순간순간 욱할 때가 있다. 부모도 사람이기 때문에 어쩔 수 없다. 자책하기보다는 욱하는 횟수를 줄여 나가는 방향으로 가야 한다. 그러기 위해서는 평소에 아이와 좋은 감정을 많이 쌓아놓아야 한다. 아이 입장에서는 아무 예고도 없이 버럭 화내는 부모를 보면 혼란스럽기 때문이다.

부모가 욱하다 보면 아이는 규칙보다는 부모의 눈치만 보게 된다. 그렇게 되면 규칙이 중요한 것이 아니라 부모의 기분만 맞추면 된다는 식으로 훈육이 변질된다. 결국 부모가 보이지 않으면 규칙은 지키지 않게 된다. 아이가 언제 어디서든 규칙을 지키게 하기 위해서는 부모가 화내지 않는 연습이 필요하다.

여섯째, 적절한 보상과 칭찬을 한다. 아이가 잘한 일은 적극적으로 칭찬해 주고 보상해 주면 효과적이다. 흔히 보상을 장난감 등 물질적인 것으로 해결하려는 부모들이 많다. 하지만 물질적인 것보다 정신적인 보상이 더 효과적이다. 아이가 원하는 놀이나 좋아하는 일을 할 수 있는 권한과 시간을 주는 것이 더 좋다.

육아의 전략은 평소 아이와 애착이 형성된 상태에서 규칙을 알려 주는 훈육을 해야 한다는 것이다. 육아의 전술은 구체적인 제한선 제시, 눈을 보며 이야기하기, 질책보다는 해결책 제시, 계획을 같이 세우기 등이 있다. 전술은 아이의 나이, 성향, 상황에 따라 유동적으로 조금씩 변형시킬 수 있다. 정해 놓은 전술에 집착해 내 아이에게 맞지 않은 방법으로 시도하다 보면 아빠와 아이 모두 힘들어질 수 있다. 각자 어울리고 맞는 옷이 있는 것처럼 육아의 전술도 내 아이만의 맞춤형으로 조절해 나간다면 자녀를 올바르게 성장시킬 수 있을 것이다.

04

아빠 육아가
아이의 사회성을 결정한다

가정은 삶의 보물상자가 되어야 한다.

· 르 코르뷔지에

첫째 아이는 유치원을, 둘째 아이는 어린이집을 개학하는 날이
었다. 특히 유치원은 긴 겨울방학 뒤에 온 개학이라 아내는 반가움
반, 걱정 반이었다. 개학하면 유치원이나 어린이집에 있을 때는 한
시름 놓을 수 있으나 셋째 딸과 함께 차로 데리러 다녀야 하는 것
도 일이기 때문이다. 아내는 운전에 미숙한데 큰 차를 몰아야 해서
더 힘들어했다. 게다가 카시트에 적응을 못한 9개월 된 막내딸은
차를 타는 내내 울었다. 아내는 울음소리를 계속 들으며 미숙한 운
전을 해야 하는 상황을 항상 힘들어했다. 퇴근 후 아내에게 수고했
다고 위로하며 서준이에게 물어보았다.

"서준아. 유치원에서 새로운 친구들이랑 잘 놀았어?"

"네. 상어 가지고 놀았어요. 엄청 큰 고래도 있었어요."

"우와! 재미있었겠다. 대단한데."

서준이는 아빠보다 더 큰 고래가 있었다며 자랑을 늘어놓았다. 그리고 무엇이 그리 좋은지 밥 먹는 내 옆에서 안기기도 하고 장난스러운 표정을 지으며 애교를 부렸다. 아내에게 들으니 서준이가 유치원에서 친구 장난감을 대신 정리해 줘서 선생님께 칭찬을 많이 받았다고 했다. 같은 반 친구 여자아이는 집에서 서준이 이야기만 한다고 했다. 나중에 커서 서준이와 결혼한다며 부푼 꿈을 꾸고 있다고 들었다.

"와! 서준이 친구들에게 인기 많네. 멋진데!"

아이들도 서로 함께하며 사회성을 키워나간다. 많은 자극과 경험을 통해 사회성이 차츰 발달해 나갈 수 있는 것이다. 아이들의 사회성을 가장 잘 키울 수 있는 방법은 아빠와의 놀이다. 아빠와 충분히 논 아이는 즐거운 경험을 통해서 세상에 적응하는 힘이 발달한다. 놀이를 통해 여러 가지 문제 상황을 해결하거나 대인관계 등을 간접경험해 볼 수 있기 때문이다.

개학을 하고 새로운 친구들과 선생님을 만나야 하는 시간에 쭈뼛거리며 적응을 못하는 아이들이 많다. 놀이를 통한 경험이 부족하기 때문이다. 새로운 환경에 겁을 먹거나 위축되며 사회성이 떨어지는 것이다. 친구들과 어울리지 못하고 적응하지 못하는 아이일수록 아빠가 적극적으로 놀이 시간을 늘려야 한다. 다양한 놀이를 통해 아이가 즐거운 경험을 하는 시간을 제공하고, 간접경험을 해볼 수 있는 기회를 줘야 한다.

　저녁식사 후 소화가 되기도 전에 아이들과 놀이 태세를 갖추었
다. 간단한 잡기 놀이부터 시동을 걸었다. 나는 악당 로봇이 되어
서 아이들을 잡으러 다녔다. 이때 나는 직진만 할 수 있는 느리고
단순한 로봇으로 상황을 설정했다. 아이들을 향해 "다다다다!" 하
며 천천히 달려가면 벌써 다른 쪽으로 도망가 있었다. "어? 어디 갔
지?" 하며 주변을 둘러보면 반대쪽에서 깔깔대며 웃고 있었다. 다
시 "다다다다!" 하며 달려가면 "까!" 하며 도망갔다.
　"안 되겠군. 업그레이드해야겠다. 레벨 업! 업! 업!" 하며 과장된
시늉을 하면 깔깔거리며 좋아했다. 처음보다 속도를 더 높여 아이
들을 잡으러 다녔다. 그렇게 몇 번 더 레벨 업을 하면 제법 아이들
바로 뒤까지 계속 추격할 수 있었다. 거의 따라잡을 듯 말 듯 추
격전을 벌였다. 아이들은 숨이 차면서도 웃느라 정신이 없었다. 도
망가는 아이를 잡고 그 상태로 간지럼을 태웠다. 목, 겨드랑이, 허
벅지, 발바닥, 배꼽 등 간지럼을 태우면 숨이 넘어가도록 웃어댄다.
그 뒤에 자연스럽게 탈출 놀이를 했다. 아이 몸을 내 팔과 다리를
이용해 꽁꽁 묶어놓는 것이다.
　"여기는 감옥이야. 이제 못 나간다. 탈출해 봐."
　서준이는 신이 나서 끙끙대며 내 팔과 다리에서 벗어나려고 발
버둥 쳤다. 처음에는 못 벗어나게 하다가 서서히 힘을 빼며 풀리도

록 놔 주었다. 그러면 유준이를 잡고 또 감옥 놀이를 했다. 이렇게 번갈아가며 놀이가 계속 이어지게 하는 것이다.

"10분간 휴식!"을 외치며 아이들과 물을 먹으러 주방으로 갔다. 아이들에게 한 컵씩 물을 나눠 주고 나도 마셨다. 잘 놀고 난 뒤에 먹는 물은 그야말로 꿀맛이다. 잠깐 쉬고 있는데 아이들이 장난감을 서로 가지고 놀겠다고 다투었다.

"왜 그 장난감 가지고 그래? 다른 것도 많잖아."

아내가 아이들에게 경고도 주고 어르고 달랬지만 효과는 없었다. 어른의 시각에서는 비슷한 장난감이 많은데 왜 한 가지로 싸우는지 이해가 되지 않는다. 하지만 아이들의 세계에서는 지금 눈에 들어온 그 장난감이 세상에서 제일 재미있는 것이다. 사랑에 빠지면 그 사람만 보이듯이 아이들은 그 장난감과 한순간 사랑에 빠진 것이다. 사랑에 빠진 그 장난감만이 자신에게 '재미'를 줄 수 있는 유일한 것으로 생각한다.

"형인데 이해해야지."라고 이야기하는 것은 의미가 없다. 형이라고 해 봐야 역시 아이일 뿐이다. 아이가 감당하지 못할 역할을 주고 이해를 강요하는 것은 오히려 반감만 살 수 있다. 따로 아이를 불러 차분히 말로 해 봤자 귀에 잘 들어오지 않는다. 양보만 하는 서준이가 안쓰러워 장난감을 돌려주려고 해도 쉽지 않았다.

"유준아. 그 장난감 형 거잖아. 얼른 줘."

"싫어! 내 거야!"

"어허! 빨리 내놔."

"싫어! 싫어!"

이런 상황을 강압적으로 화를 내며 해결하려 하거나 형에게 양보만 가르치려 하면 아이들은 억울하고 분하기 마련이다. 상황을 중재하는 방법은 생각보다 간단하다. 바로 놀이다.

일단 문제가 된 장난감을 가지고 내 뒤에 숨겼다. "띠리리리 띠~ 띠~ 띠리리리 띠~ 띠~." 하며 장난감을 요리조리 손을 번갈아 가며 돌렸다. 아이들은 이것이 무슨 상황인지 처음에는 어리둥절하다가 곧 새로운 놀이로 인식하고 호기심을 보였다. 장난감을 바지 뒷주머니에 숨기고 양손 주먹을 내밀었다. "어디 있을까요?"라고 하면 둘 다 각각 다른 손을 찍었다. "어? 아무것도 없네. 어디 갔지?" 빈손을 보여 주며 태연하게 반응했다. 아이들은 깜짝 놀라며 신기해했다. 숨긴 장난감을 몰래 꺼내 아이 귀에서 찾는 것처럼 보여 주었다. 마치 마술을 본 듯한 아이들의 반응에 나도 재미있었다.

이쯤 되면 아이들은 장난감을 가지고 싸우던 상황은 잊어버리고 새로운 '재미'를 찾은 것이다. 이렇게 장난감으로 싸울 때 몇 번 마술을 보여 주면 바로 상황이 종료되었다. 어느 날은 내가 중재를 하지 않더라도 "띠리리리 띠~ 띠~." 하면서 둘이 놀고 있는 것을 발견했다. 갈등 상황을 스스로 해결하는 모습이 기특하고 대견해 보였다.

반드시 이런 방식이 아니더라도 아이들이 새로운 재미를 찾을 수 있도록 안내자 역할만 해 주면 그만이다. 가위바위보를 해서 이기는 사람이 먼저 가지고 놀 수 있다. 때로는 정해진 시간 동안 서로 교대로 장난감을 가지고 놀 수 있는 방법도 있다. 예를 들어 20초씩 가지고 놀게 하는 것이다. 20초만 기다리면 장난감을 가질 수 있기 때문에 아이들이 좋아하는 방법이다. 반대로 20초만 가지고 놀 수 있어 아쉬움도 있을 것이다.

아이들은 아빠와 즐겁게 논 만큼 자신감이 높아지며 대인관계의 기본을 자연스럽게 배울 수 있다. 아이들과 놀다 보면 많은 갈등 상황을 경험하게 된다. 형제간에 싸우는 아이들, 밥 먹기 전 간식을 먹으려는 아이, 마트에서 장난감을 사달라고 떼를 쓰는 아이 등 그 상황은 다양하다. 이런 상황에서 아이들은 아빠의 문제 해결 방식을 스펀지처럼 흡수하며 그대로 행동한다. 게다가 해결 능력을 스스로 발전시켜 나가기도 한다. 인생의 기초가 되는 사회성은 아빠와 얼마나 시간을 보냈는지에 따라서 달라진다. 내 아이가 친구들과 잘 어울리고 사회성이 좋은 아이로 자라길 바란다면 아빠가 먼저 아이와 밀도 있는 시간을 보내 보자.

05

아빠 놀이는
아이의 창의력을 길러 준다

재미와 창의성은 심리학적으로 동의어다.

· 김정운

아내가 셋째를 임신했을 때였다. 임신 5개월이 가까워오자 배가 점점 나오기 시작했다. 배가 트는 것을 예방하기 위해 오일을 발라 주었다. 첫째, 둘째 때도 해 주었기 때문에 익숙했다. 아내를 눕히고 배를 전체적으로 슥슥 문질러 주었다.

"아가야. 아빠야. 잘 놀고 있었어? 아빠가 많이 많이 사랑해. 쪽."

아내 배에 대고 말하면 배 속의 아이가 꿈틀거렸다. 이 모습은 언제 봐도 신기했다. 오일을 바르는 모습을 보고 있던 서준이가 가만히 있을 리 없었다. 엄마 옆에 누우며 자기도 배에 오일을 발라 달라고 했다. 동생 유준이도 옆에 누워 형을 따라 했다. 오일을 조금만 덜어 두 녀석 배에 발라 주었다. 한 손으로는 아내의 배에, 다른 손으로는 아이들 배에 발라 주고 있으니 그 모습이 웃기기도 했다. 서준이가 갑자기 자기 배 속에 아가가 있다고 말했다. 엄마를 보며 따라 하는 것이다.

"그렇구나. 서준이 배 속에 아가 있구나. 아가야, 안녕."

어른은 사실 여부에 민감하지만 아이들 세계에서는 사실이 아니어도 상관없다. 단지 재미있는 상상의 세계만 있을 뿐이다. "네 배 속에 아가 없어. 엄마 배 속에만 있어." 하며 굳이 상상의 세계를 꺾을 필요는 없다. 배에 오일을 바르는 것도 아이들에게는 놀이다. 아이는 놀이 속에서 자신이 엄마처럼 임산부가 된 새로운 세계를 만들어 낸 것이다. 아이들은 놀이 속에서 새로운 역할을 해 볼 수 있고 다양한 상황을 만들어 내며 도전할 수 있다. 아이들은 어른에 비해 고정관념이 없기 때문에 이런 놀이를 통해 창의성이 표출된다.

경험해 보지 못한 세계를 상상으로 만들어 낸다는 것은 창의성 발달에 큰 영향을 미친다. 상상의 세계에서는 정답이 없다. 내가 만들어 낸 것이 길이고 정답이다. 놀이의 상황, 방식, 시간에 따라 자유자재로 반응할 수 있기 때문이다. 아이들은 놀이를 통해 스스로 답을 만들고 새로운 형식을 만들어 낸다. 새로운 놀이를 끊임없이 만들어 노는 아이들은 분명 높은 창의성을 지니고 있다고 볼 수 있다.

나는 어릴 적부터 궁금한 것이 많았다. 우주 너머에는 무엇이 있을지, 내가 죽으면 세상도 끝나는 것인지, 하늘을 어떻게 하면 날아다닐 수 있을지 궁금한 것이 너무나 많았다. 부모님이나 선생님,

친구들에게 물어보면 속 시원한 답이 나오는 것도 아니었다. 오히려 이상한 사람으로 취급받기만 했다. "쓸데없는 생각하지 말고 공부나 해."라는 대답만 돌아왔다. 어느 날 그들이 나의 엉뚱한 질문을 받는 것을 불편해한다는 것을 깨달았다. 그 순간 질문하기를 멈추었다. 주변 사람들을 불편하게 만들고 싶지 않았기 때문이다.

그래서 그들이 원하는 모습으로 살았다. 기존의 체계에 순응하며 특별히 튀는 행동을 하지 않으려고 노력했다. 부모님과 선생님이 원하는 모습을 보여 주고 원하는 대답을 해 주었다. 하지만 내면에서는 계속 호기심을 탐구하며 다양한 상상을 했다. 집을 분리해서 외할머니 집으로 옮긴다든지, 큰 건물에 로켓을 달아서 여행을 다니거나, 우주 밖의 차원으로 나가는 등 남들이 보면 엉뚱하다고 느껴질 만한 상상을 많이 했다.

어른들은 비순응자들을 좋아하지 않는다. 질서에 순응하지 않아 다루기 까다롭기 때문이다. 기존 체제에 순응하지 못한다는 이유로 말썽꾸러기로 생각해 버리기 쉽다. 나는 이상한 사람 취급받기 싫었다. 그래서 겉으로 드러나지 않으려고 노력했던 것이다.

그러던 중 〈한국책쓰기1인창업코칭협회(이하 한책협)〉의 김태광 대표 코치를 만나게 되었다. 그는 남들처럼 대학을 졸업하고 회사에 취직해 월급을 받는 평범한 삶을 거부했다. "4년제 대학을 나오는 것보다 4개월 만에 내 책을 쓰는 것이 더 가치 있다."라는 모토로 200여 권의 책을 내고 800여 명을 작가, 강연가, 코치로 양성하며 대한민국 최고의 책 쓰기 코치로 인정받고 있다. 그런 그가 운영하는 〈한책협〉을 처음 찾았을 때 나는 나의 엉뚱함과 다양한 상상들을 존중해 주는 그에게 큰 감명을 받았다. 분산되어 있는 생각과 에너지를 잘 다듬어 하나에 집중할 수 있게 도와준 김태광 대표 코치 덕분에 나는 자신감을 얻어 책 쓰기에 도전할 수 있었다. 그렇게 쓴 나의 첫 책《아빠 육아 공부》로 나는 직장생활과 동시에 육아 전문가로 활동하며 능력을 인정받고 있다.

이처럼 엉뚱함과 기존 체제에 순종하지 않는 것도 필요하다. 한쪽으로 치우쳐서도 안 되고 '순종'과 '일탈'의 조화가 필요하다. 아인슈타인은 어린 시절 교사에게 "너는 아무것도 되지 못할 것이다."라는 말을 들었다. 발명왕 에디슨은 어릴 적 암기를 잘 못해서 반에서 꼴찌였다. 레오나르도 다빈치는 나이가 들어서도 철자법을 계속 틀렸다. 처칠은 어릴 적부터 말하기 장애가 있었고 반에서도 꼴찌였다. 그러나 이들은 그 누구보다 위대한 업적을 많이 남겼다.

창의성은 기존 규칙에 단순히 '순종'하며 나오는 것이 아니라 '파괴'에서 나온다. 기존의 규칙을 의심하고, 그것을 깨뜨리는 것이다. 결국 창의성은 자신만의 룰을 만드는 것이다. 그러나 요즘 아이들은 단순히 순종하는 사람으로만 길러지고 있다. 암기나 시험 성적은 좋다. 정해져 있는 답을 맞히는 것은 잘한다. 그러나 스스로의 생각을 말하거나 새로운 발상을 하는 것은 미숙하다. 아이들이 정해진 교육

과정을 받을수록 창의력은 퇴화된다. 단순히 부모님과 선생님에게 인정받고 칭찬받고자 순종하는 아이는 창의성이 떨어진다.

바람이 몹시 심하게 불던 날이었다. 인천 송도는 '송베리아(송도+시베리아)'라 불릴 정도로 겨울에는 춥고 바람도 심하다. 가족과 함께 차를 몰고 가는 길에 서준이가 말했다.

"아빠. 저것 봐요. 나무가 춤을 춰요."

나무가 바람에 흔들리는 모습을 보고 춤을 춘다는 표현을 한 것이다. 지금껏 살면서 그런 생각을 해 본 적이 한 번도 없었다. 아이 덕분에 새로운 시각을 가지게 되었다.

어느 날은 서준이가 하늘을 보며 말했다.

"아빠. 저기요. 비행기가 하늘에 그림을 그려요."

비행기가 하늘을 날며 만들어낸 비행운을 보고 그림을 그린다는 표현을 한 것이다. 아이의 상상력과 표현력에 깜짝 놀랄 때가 많다. 아이들을 보면 매우 창의적일 때가 많다. 아직 고정관념이 형성되지 않았고 어른에 비해 생각이 유연하기 때문이다.

그렇다면 창의성을 키우는 방법에는 어떤 것들이 있을까? 창의성은 낯설음에 대한 즐거움이다. 인간의 뇌는 익숙하지 않은 것을 경험할 때 신선한 자극을 받게 된다. 기존의 정보와 융합되며 창의성을 깨울 수 있는 것이다. 따라서 아이를 창의적으로 키우고 싶다면 낯선 환경을 경험하게 해 주면 된다.

첫째, 아빠와의 놀이다. 다양한 놀이를 통해 '낯선 즐거움'을 선사해 보자. 한 가지 놀이도 다양하게 변형하면 익숙함 속에 숨어 있는 낯선 놀이를 발견할 수 있다.

둘째, 낯선 장소 제공이다. 평소 가보지 못한 장소에 노출시켜 주는 것만으로도 충분하다. 또한 자연과 가까이할 수 있는 곳도 좋다. 주변 공원, 산, 시골 등 도시와는 다른 환경을 제공하고 경험하게 해 주면 된다. 처음 보는 장소에서 다양한 사람을 만나며 낯설음을 느낄 수 있다.

셋째, 책 읽기다. 책 안에는 다양한 세계가 존재한다. 수많은 상황, 장소, 이야기, 사람이 존재한다. 모든 것을 직접 경험해 볼 수는 없다. 하지만 책을 통해 간접적으로 낯설음에 노출시킬 수 있다.

많은 기업에서 혁신을 외치고 있다. 하지만 혁신은 말로만 외친다고 나오지 않는다. 창의성에서 나온다. 인간은 태어날 때부터 창의성을 가지고 있다. 그것을 얼마나 잘 가꾸며 성장하는지가 중요하다. 그러나 좋은 대학을 위해 공부만을 강요한다면 어떻게 될까? 순종하는 아이로는 키울 수 있겠지만 창의성을 키울 수는 없다. 내 자녀를 창의적인 인재로 키우고 싶다면 순종과 일탈의 조화를 유지시켜야 한다. 그와 동시에 다양한 낯설음을 경험하게 한다면 아이의 재능은 무한대로 뻗어나갈 것이다.

06

아이에게
낯선 아빠가 되지 마라

이미 한 일을 후회하기보다는 꼭 하고 싶었는데 하지 못한 일을 후회하라.

· 《탈무드》 중에서

어릴 때 큰 충격을 받은 영화가 있다. 그것은 바로 〈스타워즈〉다. 그 당시 MBC 〈주말의 명화〉에서 특집으로 〈스타워즈〉를 방영해 주었다. 줄거리는 다음과 같다.

제다이 기사인 아나킨 스카이워커와 파드메 의원 사이에서 쌍둥이 남매가 태어난다. 어머니는 출산 후 사망하고, 쌍둥이 남매는 태어나자마자 헤어진다. 쌍둥이 중 한 명인 루크는 사막행성에서 삼촌의 보호 아래 유년시절을 보낸다. 성인이 된 루크는 저항군연합에 합류하게 된다. 루크는 악당인 다스베이더를 물리치기 위해 수련을 하며 제다이로 성장한다. 드디어 루크는 다스베이더를 만나게 되고 광선검으로 치열한 싸움을 벌인다. 그러던 중 갑자기 다스베이더는 루크에게 말한다.

"I'm your father."

"No!"

한때 제다이 기사였던 아버지가 악의 힘과 손잡고 다스베이더로 변한 것이었다. 충격을 받은 루크는 그 사실을 인정하지 않고 도망친다.

어린 시절 나에게 이 장면은 엄청난 충격이었다. 반전으로 유명한 영화 〈식스센스〉보다 더 큰 반전이었다.

다스베이더(아나킨 스카이워커)는 자녀를 돌보기는커녕 우주 정복을 위해 매우 바빴다. 자녀의 존재 자체도 모른 채 바쁘게 살아왔던 것이다. 그런데 자신의 자식을 보자 뒤늦게 아빠 노릇을 하려고 했다. 그러나 루크는 아버지의 존재를 부정하며 도망쳤다. 루크가 어린 시절부터 아버지와 함께 시간을 보내며 성장했다면 어땠을까? 아빠와 함께 잘 놀고 애착 형성이 되어 있었다면 루크는 성장해서 원만한 관계를 유지했을 것이다.

우리는 늘 '바쁘다'는 말을 입에 달고 산다. 너무 바쁘기 때문에 도저히 시간을 낼 수 없고 '어쩔 수 없는 상황'이라고 말한다.

"지금은 그럴 때가 아니에요."

"나도 아이들과 놀고 싶지만 회사 일로 도저히 시간이 안 나요."

아빠들과 상담을 하다 보면 대부분 너무 바쁘다고 한다. 직장 상사의 눈치도 봐야 하고, 인사 평가, 승진 등 신경 써야 할 일들도 많다. 나 또한 14년 차 직장인이기 때문에 그 마음을 누구보다 잘 안다. 대한민국 아빠들은 회사 일로 참 바쁘게 살아가고 있다.

그러나 우리 좀 더 솔직해지자. 바빠서 못 한다는 것은 그것이 내 삶에서 중요하지 않다는 증거다. 가족과 시간을 보내는 것이 스스로의 삶에서 크게 중요하지 않다면, 바쁜 일을 하는 것이 맞다. 그러나 가족이 내 삶에서 꽤 중요한 존재라면, 어떻게 해서든 시간을 만들어야 한다. 내 삶에서 굉장히 중요함에도 불구하고 다른 일 때문에 못 한다는 것은 앞뒤가 맞지 않다.

아무리 바빠도 밥은 먹고, 화장실은 가고, 잠은 잔다. 그 무엇이 되었든 절실하게 하고 싶은 일이 있다면 인생의 우선순위가 되어야 한다. '내 삶에서 중요한 일'이라는 말은 곧 '내 인생에서 고귀한 일이고 시급한 일'이라는 말과 동일하기 때문이다. 인생을 마감하며 눈을 감을 때 '일을 더 열심히 할걸'이라며 후회하는 사람은 없다. '가족과 더 많은 시간을 보낼걸'이라며 후회하는 것이 일반적이다.

인생에서 가장 중요한 가족과의 시간, 보석 같은 아이들을 위해 명심해야 할 것이 있다. 첫째, 다른 사람들의 말과 행동으로 내 소중한 삶의 영역을 침해당해서는 안 된다. 그 사람들이 내 인생을 책임져 주지 않는다. 나에게 소중한 것, 가족과의 시간은 내가 지켜야 한다. 둘째, 내 인생에서 중요한 것이라고 생각한다면 어떻게 해서든 시간을 만들어야 한다. 바쁘다는 말로 자기 합리화는 이제 그만두자.

서준이, 유준이 두 아들 녀석들은 2년 차이로 태어났다. 서준이가 혼자 놀고 있는 뒷모습이 안쓰러워 한 명 더 낳았다. 유준이가 어느 정도 크면서 형제끼리 잘 놀고 있는 모습을 보면 흐뭇해졌다. 둘이 깔깔거리며 놀고 있을 때는 '이런 것이 행복이구나'라고 느꼈다.

셋째 딸 채윤이가 태어나면서 어느 정도 육아에 대한 자신감이 있었다. 아들 두 녀석을 키웠기 때문에 큰 걱정은 안 했다. 그런데 막상 갓난아기를 돌보려니 시간이 지나서 그런지 다 잊어버렸다. 목욕을 시킬 때도 어디를 잡아야 안전한지, 어디부터 씻겨야 하는지 순서가 기억이 나지 않았다. 처음부터 다시 공부하며 기억을 더듬어갈 수밖에 없었다.

아이가 성장하는 과정은 언제 봐도 신기했다. 아이들은 기어 다니는 것이 익숙해지면 온 집안을 밀고 다녔다. 누워서 배영하듯 발로 바닥을 밀며 여기저기 잘 다니는 모습이 그렇게 귀여울 수 없었다. 검지를 얼굴에 대며 '예쁜 짓~'을 가르쳐 주면 곧잘 따라 했다. 아이들은 잠에서 깨면 누워서 울곤 했는데 좀 더 크니 앉아서 울었다. 태어나서 누워만 있다가 스스로 앉아 있는 모습을 보니 우는 모습도 예뻐 보였다. 입을 삐죽삐죽하며 울까 말까 할 때는 너무 예뻐서 안고 뽀뽀를 퍼부었다.

아이들이 성장하는 모습을 보며 함께할 수 있다는 것은 축복이다. 지금 아니면 다시는 볼 수 없는 모습이기에 더 소중하다. 휴대전화에 담긴 아이들의 사진을 보면 '이때는 정말 애기였네' 하며 신기해한다. 부쩍 성장한 아이들을 보며 뿌듯한 느낌도 든다. 조금 더 시간을 내서 가족과 함께하지 못하는 것이 안타깝기도 하다.

어릴 때부터 아이와 애착이 형성되지 않았는데 사춘기가 와서 친해지려고 하면 이미 늦다. 〈스타워즈〉의 루크처럼 아이는 아빠로부터 멀어지려 할 것이다. 아빠들이 흔히 하는 실수가 있다. '지금은 아이가 어리니까 더 크면 놀아줘야겠다'라고 생각하는 것이다. 그러나 아이의 정서를 담당하는 뇌는 6개월에서 만 3세 사이에 급속히 발달한다. 이때가 지나면 정서가 형성되는 골든타임을 놓치게 된다. 아이와 거창한 것을 하지 않더라도 소소하게 시간을 보내는 것만으로도 아빠와 교감할 수 있는 것이다.

어릴 적부터 아이와 잘 놀고 애착관계를 형성해 놔야 한다. 아이들은 금방 자란다. 지금부터 3년 후 아이가 나를 어떤 눈으로 바라볼지 상상해 보자. 낯선 사람으로 바라볼지, 애정 가득한 눈으로 바라볼지는 지금의 내가 하기 나름이다. 아이에게 낯선 아빠가 되지 않으려면 기회는 지금뿐이다.

07

아빠 육아는 희생이 아니라 행복이다

사랑에는 한 가지 법칙밖에 없다. 그것은 사랑하는 사람을 행복하게 만드는 것이다.

· 스탕달

봄의 기운을 알리던 4월의 어느 날이었다. 오랜만에 가족 여행을 떠나기로 했다. 세 아이를 키우느라 고생한 아내에게 휴식을 주고 싶었고, 아이들에게도 새로운 경험을 시켜 주고 싶어서였다. 회사에는 월요일 휴가를 내고, 토요일에 출발하는 2박 3일 일정으로 잡았다. 장소는 아내가 그전부터 가보고 싶어 했던 경주로 정했다. 경주는 고등학교 때 수학여행을 다녀오고 처음 가는 것이었다.

아침 일찍 아이들을 챙기느라 정신이 없었다. 세 아이들 씻기고 옷 입히고 뭣 좀 먹이고 하다 보니 시간이 금방 갔다. 나가려고 하면 꼭 한 명은 기저귀에 응아를 했다. 엉덩이를 물로 씻어 주고 다시 챙겨서 출발했다.

아이들은 다행히 차에서 잘 자서 중간에 한 번만 휴게소에 들렀다. 휴게소에서 아이들 밥 먹이고, 유준이와 채윤이 기저귀 갈아주고, 서준이 화장실 같이 가고 하다 보면 챙길 일이 많았다. 아내와 나는 밥을 어디로 먹었는지 모를 정도였다. 그래서 운전할 때가제일 편했다. 아이들은 카시트 안전벨트에 고정된 상태라 사고 칠일도 없고, 아이들과 씨름하거나 잔소리할 필요도 없다. 나는 단지내비게이션이 알려 주는 대로 운전만 하면 되었다.

운전하는 시간만큼은 회사 일에 대한 걱정, 아이들에 대한 불안감은 잠시 내려놓을 수 있었다. 운전이 피곤하지 않느냐고 아내가물었지만 아이들 챙기는 것에 비하면 전혀 힘들지 않았다. 경주에도착해서 2박 3일 동안 불국사, 첨성대, 자동차 박물관을 구경했다. 숙소 안에 수영장이 있어 아이들과 실컷 수영도 했다. 아이들은문화 유적지보다 수영장을 더 좋아했다. 생각해 보니 아이들에게는태어나서 처음 가보는 수영장이었던 것이다.

"아빠, 수영 너무너무 재미있어요. 내일 또 가요."

"유준이도 수영 너무너무 좋아요."

아이들이 수영장을 너무 좋아해서 다음날 오후에 또 갔다. 서준이는 수영장을 가기 전까지 언제 수영하러 가냐며 5분마다 물어봤다. 서준이는 여섯 살이라 그런지 구명조끼를 입고 수영하는 것에 금방 적응했다. 네 살인 유준이는 처음에는 수영을 무서워했다. 구명조끼를 입어도 중심을 잘 못 잡아서 물을 먹었다. 혼자 중심을잡을 수 있게 도와주고 "유준이 할 수 있어. 수영 잘하네."라며 응원해 주었다. 그래서인지 두 번째 날은 유준이가 자신감을 찾았다. "아빠, 나 잡지 마. 잡지 마." 하며 나의 손을 거부했다. 가만 놔두니 물도 안 먹고 중심을 잘 잡으며 혼자 수영을 했다.

아내는 보채는 채윤이를 달래고 젖 먹이느라 제대로 여행을 즐기지 못했다. 낯선 환경이라 그런지 어린 채윤이에게는 불안했던 모양이다.

저녁을 먹고 숙소에서 아이들을 깨끗이 목욕시켰다. 아이들에게는 침대에 누워 있으라고 하고 샤워를 하고 나왔다. 서준이는 수영하느라 힘들었는지 그 사이에 곤히 잠들어 있었다. 유준이는 안 자고 혼자 놀고 있다가 손을 까딱까딱하며 내게 말했다.

"아빠. 이리 와. 안아 줄게."

그날 하루 만족했는지 기분이 좋아서 나를 안아 주었다. 유준이는 내 볼에 뽀뽀를 하고 등을 토닥토닥해 주었다. 가끔씩 생각지도 못한 말과 행동을 하는 아이를 보면 웃기기도 하고 놀라기도 했다. 신나게 잘 노는 아이들을 보니 그동안 춥다고 너무 실내에만 있던 것 같아 미안한 마음이 들었다. 나만 결정하면 이렇게 나와서 가족 모두가 즐거울 수 있는데 그러지 못했다.

아이들과 함께하는 지금의 시간들은 하나씩 쌓여서 좋은 추억이 될 것이다. 아이들이 너무 어려서 기억하지 못해도 상관없다. 행복하고 즐거웠던 느낌만 가지고 있으면 되기 때문이다. 그런 느낌을 통해 아빠와 애착이 형성되고, 정신적인 유대감이 탄탄해질 것이다.

많은 아빠들이 열심히 돈을 버는 것만으로 아빠 노릇을 다 했다고 생각한다. 우리 아버지 세대들도 그래왔다. 하지만 아이들과 시간을 보내지 않고 소통을 하지 않는다면 마음의 벽이 생길 수밖에 없다. 시간이 지나면서 아빠들은 아이 마음에 쌓인 벽 앞에서 당황한다. 결과적으로 스스로도 불행한 삶을 사는 것이다. 아이들이 사춘기가 왔을 때 계속 소통하고 지내기 위해서는 어릴 적 아빠와의 시간이 중요하다.

우리 부모님은 삼 남매를 키우시느라 고생을 많이 하셨다. 아무 조건 없는 사랑과 희생에 늘 감사하고 죄송할 따름이다. '아버지', '어머니'라는 이름만으로 눈시울이 붉어진다. 그런데 모든 부모가 아이에게 희생해야 할까? 부모님이 희생하면 자식들은 미안한 마음을 가지게 마련이다.

부모님을 생각할 때 미안하고 불쌍한 이미지보다는 즐겁고 행복한 모습이 떠오르면 어떨까? 내 아이들이 아빠를 희생만 하던 불쌍한 사람으로 기억하는 것은 원하지 않는다. 가족과 즐거운 시간을 보내면서 스스로의 인생이 행복한 아빠로 기억되고 싶다. 아빠가 행복해야 아이들도 덩달아 행복해지기 때문이다.

우리는 평생 받는 것보다 주는 것이 더 좋다는 가르침을 받아왔다. 하지만 내가 가진 것이 하나도 없다면 줄 수도 없다. 자신에게 행복함을 주는 사람은 남들에게도 넉넉한 기쁨을 줄 수 있다. 내가 아빠 육아에 대한 강연을 할 때 마지막에 항상 하는 말이 있다. 아빠 자신의 행복을 우선 찾으라는 것이다.

"가정에서 희생만 하다가는 정말 희생당합니다."

"스스로 행복하지 않은 사람은 그 누구도 행복하게 해 줄 수가 없어요."

아이들이 나를 회상할 때 아빠의 인생을 충분히 즐겁게 살았다고 생각했으면 좋겠다. 대부분의 아빠는 경제적으로 부유한 아빠가 되고 싶어 한다. 아빠 자신을 희생하며 자식들에게 좋은 환경을 제공해 주고 싶은 것이다. 그런데 자녀들은 그런 아빠의 희생을 고마워할까? 결코 그렇지 않다. 미안한 마음과 함께 부담으로 받아들일 수 있다. 경제적인 것도 중요하지만 아이들이 진정 원하는 것은 가정적인 아빠다. 아이들은 단지 아빠와 많은 시간을 함께 보내고 싶은 것이다.

아이들과 함께한 추억은 기억 속에 영원히 남는다. 인생을 살며 후회스러운 적이 많지만 아이들과 함께한 시간만큼은 제일 잘한 일이라고 확신한다. '희생'이라는 이름으로 아빠 자신과 가족들에게 부담을 주지 말자. 아빠의 육아는 아이를 위해서도, 아내를 위해서도 아니다. 바로 아빠 자신을 위해서다. 소소하게라도 가족들과 시간을 보내며 행복한 가정을 만들어 보자.

08 기적 같은 변화를 불러오는
아빠 육아의 힘

한 사람의 아버지가 백 사람의 선생보다 낫다.

· 조지 허버트

잠을 줄여가며 쓴 나의 첫 책《아빠 육아 공부》는 좋은 아빠가 되기 위해 좋은 남편이 되는 방법, 아이와 할 수 있는 놀이법, 아이와 교감하고 인성을 쌓을 수 있는 노하우와 비법을 담았다. 이 책이 출간된 이후 많은 아빠들을 만나게 되었다. 그중 한 아빠는 책을 보고 감명을 받았다며 나를 꼭 만나고 싶어 했다.

퇴근 후 만나본 그분의 고민은 육아에 대한 아내와의 의견 충돌이었다. 아내는 남편에게 아이의 마음을 잘 읽어 주고 부드럽게 다뤄 달라고 요구했다. 아내는 평소 아이와 과격하게 노는 남편의 모습을 항상 못마땅하게 바라본다는 것이었다. 그리고 단순히 놀지 말고 공부도 가르치라는 요구에 가끔 언성을 높인다고 했다.

이런 아빠의 모습은 어느 가정이나 비슷할 것이다. 아빠가 아이와 격렬하게 놀거나 육아에 미숙한 모습을 보이면 엄마의 잔소리가 들려온다.

"그러다 다쳐. 그만해."

"애한테 장난 좀 그만 쳐. 그만 괴롭혀."

아내는 남편의 육아 방식을 왜 못마땅해할까? 엄마는 주로 아이와 많은 시간을 보내기 때문에 아이의 안전을 우선시한다. 안전은 위험으로부터 보호하는 것도 있지만 안정적으로 세상을 살아가는 것도 포함된다. 안정적인 삶을 살기 위해서는 위험한 도전이나 불확실한 것으로부터 회피해야 한다. 그래서 아빠와 격렬하게 놀거나, 아이가 공부를 하지 않으면 불안해한다.

이와는 반대로 아빠는 동적으로 아이와 놀며 새로운 도전을 추구한다. 어떠한 일을 피하기보다 더 잘하고 싶은 동기부여를 해 주는 것이다. 예를 들어 아이는 놀이터에서 올라가지 못했던 곳을 아빠와 함께 있으면 더 올라가고 싶고, 도전해 보고 싶은 것이다.

아빠는 '도전'할 수 있는 동기를 자극하고, 엄마는 '안정'을 추구하는 논리가 항상 적용되지는 않는다. 하지만 아이에게는 두 개의 자극이 모두 필요하다. 아이는 살아가면서 도전을 통해 새로운 것을 경험해 봐야 하고, 동시에 불필요한 위험을 줄여 안정을 추구해야 한다. 아빠와 엄마 각자의 역할은 아이에게 줄 수 있는 자연스러운 자극인 것이다. 그런데 '부드러운 아빠'가 되어 달라는 것은 마치 '제2의 엄마'가 되라고 하는 것과 동일하다. 따라서 부모가 서

로 역할이 다르다는 것을 인식하고, 엄마의 자리와 아빠의 자리를
마련해 주는 것이 중요하다.

길거리에서 내 눈을 사로잡은 아이 잠바가 있었다. 서준이에게
입히면 딱 좋을 것 같았다. 가격표를 보고 그냥 갈까 했지만 결국
구입했다. 집에 와서 아이에게 입히니 역시나 너무 예뻤다. 아이도
좋아하는 눈치였다. 그래서인지 아이는 유치원 갈 때 새로 구입한
잠바를 매일 입고 갔다. 며칠 뒤 아이와 함께 놀이터에 갔다. 그날
도 역시나 내가 사 준 잠바를 입고 갔다. 아이는 미끄럼틀을 잠시
타더니 흙을 만지며 놀았다. 그리고 손에 묻은 흙을 옷에 닦기까지
하는 것이다. 흙 놀이하지 말라고 주의를 주며 나도 모르게 아이의
놀이에 브레이크를 걸었다.

집에서는 좀 더러우면 치우기 바빴고, 밥 먹일 때는 흘릴까 봐
조마조마했다. 방금 청소기로 밀었는데 과자 부스러기를 잔뜩 흘려
놓고 밟고 다니면 열이 올랐다. 아이들 목욕을 시키고 뽀송뽀송한
새 옷으로 갈아입혔는데 장난치다 우유를 옷에 쏟으면 허무하기도
했다. 아이들이 조금이라도 실수하면 화가 났다.

그런데 아이는 원래 그런 존재다. 놀면서 더러워지고, 먹으면서
흘리고, 집안을 어지럽히는 존재다. 깨끗이 정리 정돈하고 밥 먹을
때 깔끔하게 먹는 아이는 없다. 차라리 헌 옷을 입히고 마음껏 뛰
어놀게 하는 것이 더 낫다. 예쁜 옷을 입히고 깨끗하게 놀라고 하는

것은 부모를 위한 것이지 아이를 위한 것이 아니다. 깔끔하고 깨끗하게 놀라는 것은 아이 존재 자체를 무시하는 것이다. 하늘을 날고 싶어 하는 새를 새장에 가둬 놓고 감상하는 것과 동일하다.

그래서 마음을 내려놓았다. 어지럽히면 '조금 지저분하게 살아도 돼' 하고 체념했다. 밥 먹다가 물을 쏟으면 '그래. 옷 갈아입으면 되지' 하며 넘어갔다. 놀이터에서 놀 때 옷이 더러워지면 '그래. 마음껏 놀아라' 하며 마음을 비웠다.

아이들을 실컷 놀게 해 주기 위해서 키즈 카페를 가기로 한 날이었다. 예상한 대로 아침부터 아이들은 장난만 치고 옷을 안 입었다. 바지를 입히는데 장난치고 도망을 가서 아내와 나는 낑낑거리며 빨리 입히려고 안간힘을 썼다.

"아빠 힘드니까 얼른 좀 해라!"

아이들이 협조를 잘 안 해 주니 순간 또 버럭대며 소리를 질렀다. 그런데 생각해 보니 아이들을 위한 외출인데 나는 정작 지금 당장 옷 입히기만을 목적으로 하고 있었다. 사람이 에너지가 소진되면 체념하게 된다. 체력적으로도 힘들고 심적으로도 지치면 그냥 체념하게 된다. 그런데 신기하게도 체념을 하니 조금 덜 힘들었다. 덜 치워도 되고, 잔소리 안 해도 되고, 소리를 안 질러도 되니 내 에너지를 소진하지 않아도 되는 것이었다.

그러자 아이들이 더 귀여워 보였다. 펭귄처럼 뒤뚱뒤뚱 걸어 다니는 돌 지난 막내딸이 더 예뻐 보였다. 우는 표정까지 귀여웠다.

내가 양치를 하고 있을 때 화장실 앞으로 슥 와서 눈웃음치는 유준이가 더 예뻐 보였다. 키 크고 튼튼해질 거라면서 밥그릇을 말끔하게 비운 서준이가 더 예뻐 보였다. 기저귀 갈고, 방 치우고, 밥 먹이는 일을 조금 덜 열심히 했더니 더 많은 것들이 보이기 시작한 것이다. 아내도 마찬가지였다. 조금 덜 했더니 그만큼 마음의 여유가 생긴 것이다.

마음의 여유가 생기니 예상 외로 아이들이 잘 따라왔다. 유준이는 항상 차에서 내릴 때 운전석에 앉아서 내리지 않겠다고 떼를 썼다. 그전에는 억지로 내려서 갈 길을 재촉했었다. 체념하고 난 뒤에는 늦게 가도 된다고 생각하고 기다렸다. 아이는 혼자서 벨트를 매고 핸들도 만지며 놀았다. 그 후 20초의 시간을 더 주었다. 20초가 지나니 알아서 벨트를 풀고 내렸다.

육아, 열심히 하지 말자. 어차피 또 어지럽히니 악착같이 정리하려고 하지 않아도 된다. 밥 먹다 흘리면 수시로 닦지 말고 다 먹고 한 번에 닦자. 옷은 더러워져도 된다. 오늘 입은 옷 내일 또 입히려고 하지 말고 세탁기에 넣자. 외출할 때는 천천히 가도 된다. 아이가 늦장을 부려도 가는 데 크게 문제없다. 아이에게 화를 내는 이유는 결국 부모를 위해서다. 훈육이라고 하는 행동이 진정 아이를 위한 것인지 생각해 봐야 한다.

마음을 내려놓으면 여유가 생긴다. 에너지가 충전되고 아이들의 예쁜 모습이 눈에 들어온다. 그러면서 육아의 참된 맛을 느낄 수 있다. '열심히'라는 부담을 내려놓고, 조금은 '게으른' 육아를 해 보자. 특히 아빠가 중심을 잡고 여유를 가진다면 가정에 기적 같은 변화가 찾아올 것이다.

PART 3

♥년 ♥월 ♥일 ♥요일

초보 아빠가
꼭 알아야 할
육아 놀이 팁

01

초보 아빠를 위한
연령별 놀이법

놀이는 삶의 본질이다.

• 코스비 로저스

아빠가 아이와 함께 할 수 있는 놀이법은 무궁무진하다. 자신이 어릴 적 놀던 기억을 회상해 보면 된다. 때로는 아이가 놀이를 만들어 내기도 한다. 그런데 막상 아이와 놀려고 하면 머릿속이 하얗게 된다. 아이와 무엇을 하며 놀지 모르는 아빠들을 위해 몇 가지 놀이법을 소개한다. 내가 실제로 해 보고 아이들이 재미있어하는 것만 뽑았다. 한 번에 여러 가지 놀이를 하기보다 하루에 한 가지라도 재미있게 해 보자.

♥ 생후 6개월

누워만 있는 아이라 할지라도 놀고 싶어 한다. 모든 것이 신기하고 호기심이 가득하다. 이때는 다양한 자극을 주는 것이 중요하다.

• **입 바람 놀이**: 아이 볼이나 배, 손, 발에 할 수 있다. 아이 피부에 입을 대고 바람을 가볍게 또는 세게 불면 된다. 아이 피부에 바람을 느끼게 해서 자극을 줄 수 있는 놀이다. 아이가 조금 더 크면 세게 불어 "뿌웅" 소리가 나게 할 수 있다.

• **쭈까쭈까 놀이**: 아이 기저귀 갈 때나 목욕 후 수시로 할 수 있는 놀이다. 기저귀를 갈 때면 아이는 하체가 시원해진다. 이때 엉덩이에서 발까지 쭈까쭈까 하면서 주물러 주고, 무릎을 굽혔다 펴 주면 스트레칭도 되고 피부에 자극을 줄 수 있다. 팔도 주물러 주면서 만세 자세로 팔을 뻗어 주면 움츠렸던 근육과 뼈에 좋은 자극이 된다. 주의할 점은 억지로 하지 말고 즐겁게 아이와 논다는 분위기를 만드는 것이다. 즐겁게 "쭈까쭈까" 노래를 부르면서 주무르면 아이가 웃음을 보여 줄 것이다.

• **자이로드롭 놀이**: 앉아서 할 수 있는 놀이다. 아빠가 앉은 자세에서 다리를 펴고 아이를 무릎 위에 앉힌다. 아이를 잡고 무릎을 굽혔다 펴기를 반복하면 아이는 위, 아래로 왔다 갔다 하게 된다. 뭐가 재미있을까 생각이 들지만 아이 입장에서는 자이로드롭을 타는 기분이 들 것이다. 너무 세게 하면 무서워할 수도 있으니 처음에는 천천히 하면서 높낮이의 차이를 경험하게 해 주면 좋다.

♥ 6~12개월

이때부터 아이의 움직임이 활발해진다. 자신의 행동에 따라 상황이 변하는 것을 이해하는 시기다. 아이는 놀이를 통해 외부 세계를 자신이 통제할 수 있다는 것을 이해하게 되고, 성취감도 가질 수 있다. 따라서 아이의 행동이 사소한 것일지라도 인정하고 격려해 주는 자세가 필요하다.

• **통 굴리기 놀이**: 빈 분유통이나 페트병 등 굴릴 수 있는 것을 준비한다. 아이에게 먼저 통을 줘서 관찰하게 한다. 그 뒤 아빠가 먼저 통을 굴려 시범을 보여 준다. 다시 아이에게 통을 주면 아빠와 똑같이 통을 굴릴 것이다. 아이와 통을 주고받으며 굴리다 보면 이것 또한 놀이가 된다.

• **까꿍 놀이**: 6개월부터 아이는 '대상 영속성'의 개념이 형성된다. 대상이 눈앞에 안 보이더라도 어딘가에는 계속 존재한다는 것을 이해하는 시기다. 이 개념이 아직 형성되지 않은 아이는 눈앞에서 부모가 사라지면 영원히 이별하는 것으로 인식한다. 그래서 대성통곡을 하며 엄마, 아빠를 찾는 것이다. 손이나 손수건 등으로 아빠의 얼굴을 가린 다음 "까꿍!" 하며 얼굴을 드러내 보자. 얼굴뿐만 아니라 장난감도 손수건으로 숨겼다가 "여기 있네." 하며 보여줄 수 있다. 눈앞에서 사라진 대상을 기억할 수 있는 놀이인 것이다. 반복적인 까꿍 놀이는 대상 영속성 개념을 인식하는 데 도움을 줄 수 있다.

• **누구세요 놀이**: 문, 벽 등 두드릴 수 있는 대상이 있으면 어디든

지 가능하다. 한 팔은 아이를 안고 다른 손은 문이나 벽을 "똑똑똑. 누구세요?" 하며 두드려 본다. 아이 손을 잡고 같이 두드리거나 시범을 보여 주면 따라 하기도 한다. 엄마가 화장실에 있을 때 아이와 함께 "누구 없나요?" 하며 문을 두드릴 수도 있다. 그러다 갑자기 문이 열리고 "엄마 여기에 있네." 하며 나타나면 미소를 보일 것이다. 두드리는 대상에 따라 다른 느낌과 소리가 나기 때문에 아이에게는 신선한 자극이 된다.

• **통통통 놀이:** 분유통, 페트병, 숟가락만 있으면 할 수 있는 놀이다. 분유통을 숟가락으로 두드리면서 북 놀이를 할 수 있다. 페트병 안에는 작은 장난감을 넣고 흔들거나 두드려서 소리를 낼 수도 있다. 부모가 먼저 시범을 보이고 아이가 혼자 할 수 있도록 기다려 줘야 한다. 아이 스스로 할 수 있도록 반복하다 보면 집중력을 향상시키는 데 도움이 된다. 이때 소리 나는 것을 의성어로 표현해 주면 언어능력이 향상된다. "둥둥둥!", "푸푸푸.", "착착착." 하며 소리를 언어로 말해 주는 것이다. 아이들은 물건을 잡고 두드리며 소리가 나는 것을 신기해한다. 손으로 흔들고, 눈으로 보고, 귀로 듣는다. 한 번에 세 개의 감각을 자극해 주는 것이다.

• **거울 놀이:** 아이가 거울에 비친 자기 모습을 보며 움직임과 표정을 인식하는 놀이다. 6개월이 지난 아이는 자신과 주변을 구분해 지각하기 시작한다. 아이의 얼굴을 자주 보게 해 주면 자신의 모습을 기억해서 뇌의 기억을 단련시킬 수 있다. 아이를 안고 거울

이 안 보이는 곳에 있다가 "까꿍!" 하며 거울 앞으로 나타나 보자. 거울에 아이가 좋아하는 장난감을 보여 주면 더 신기해한다. 거울에 보인 장난감과 실제 장난감을 보며 탐색할 것이다.

♥ 12~24개월

• **스티커 놀이:** 아이의 소근육을 발달시킬 수 있는 놀이다. 아이 손이나 얼굴에 포스트잇이나 작은 스티커를 붙여 준다. 아이는 작은 스티커를 떼어내는 과정을 통해 기초적인 문제 해결을 경험하게 된다. 아이는 어떤 손을 어떻게 움직여야 하는지 스스로 배울 수 있다. 어른 입장에서 스티커 떼어내는 것은 쉬운 일이지만 아이에게는 정밀함이 요구되는 일이기 때문이다. 가끔은 아빠 얼굴에 스티커를 붙이고 아이에게 떼어 달라고 하는 것도 좋다.

• **주세요, 여기요 놀이:** 아이와 물건을 주고받으면서 상호작용할 수 있는 놀이다. 아이에게 "주세요. 고맙습니다." 하면서 장난감을 받고 다시 "여기요." 하면서 되돌려 주는 것이다. 바구니나 주머니에 장난감을 넣고 놀면 더 재미있어한다. 이 시기 아이들은 장난감을 담기도 하고 다시 바닥에 쏟으면서 논다. 또는 바구니에 물건을 넣고 들고 다니는 놀이를 즐긴다. 아이가 다양한 물건을 탐색할 수 있도록 환경을 제공해 주고, 물건의 이름을 말하면서 주고받다 보면 재미있어할 것이다.

• **아빠 발등으로 걷기 놀이:** 아빠 발등에 아이가 올라서서 함께 걷

는 놀이다. "하나, 둘! 하나, 둘!" 하면서 걷거나 노래를 부르면서 춤을 출 수도 있다. 발등 위에서 걷듯이 춤을 추면 리듬감도 익힐 수 있다. 아이의 긍정적인 정서에 도움이 될 것이다.

• **박스 자동차 놀이**: 깨끗한 상자에 아이를 넣어 앉히고 밀어 주는 놀이다. 아이들은 좁은 상자 안에 들어가는 것을 좋아한다. 엄마의 자궁과 비슷한 느낌을 받기 때문이다. 너무 속도를 내다 보면 아이가 중심을 못 잡을 수 있기 때문에 조절을 잘해야 한다.

♥ 3~4세

• **인디언 놀이**: 아빠가 먼저 "아아아~!" 소리를 내면서 손을 입에 두드려서 시범을 보여 준다. 아이도 따라 할 것이다. 아이가 소리를 낼 때 아빠가 아이 입을 손으로 두드릴 수도 있다. 처음에는 단순한 두드림으로 하다가 익숙해지면 박자를 넣어도 된다. 축구 응원할 때 내는 박자를 느리게 또는 빠르게 하면 재미있어할 것이다.

• **굴리기 놀이**: 큰 박스 종이를 45도 각도로 비스듬히 세워 놓고 장난감 자동차나 동그란 물건 등을 올려놓고 굴리면 된다. 아이는 물건의 모양에 따라서 굴러가는 속도가 달라짐을 경험할 수 있을 것이다.

• **몸 그리기 놀이**: 아이 손을 스케치북에 올려놓고 그대로 그린다. 발바닥을 그려도 된다. 아이 스스로 손을 대고 그리거나 아빠 손을 그려 달라고 할 수도 있다. 손 모양을 다양하게 바꿔 가며 그

리면 더 재미있을 것이다. 큰 종이가 있다면 아이를 눕히고 몸 전체를 그릴 수도 있다.

• 아빠 옷 입기 놀이: 아이들은 부모의 물건에 관심이 많다. 특히 아빠의 큰 옷은 아이들에게 호기심의 대상이다. 헐렁한 옷을 아이에게 입혀 보자. 엄마에게 가서 자랑할 것이다. 아빠의 가방도 메게 해 주면 더 좋아할 것이다. 아이에게 "어? 아빠네. 아빠! 아빠!" 하면서 역할놀이로 자연스럽게 연결할 수 있다.

• 추격전 놀이: 아이들과 거의 매일 하는 놀이다. 아무 예고 없이 갑자기 아이들에게 "으악!" 하며 잡으러 가면 "꺅!" 하며 도망간다. 아슬아슬하게 못 잡는 상황을 연출하면 아이들은 더 긴장감이 있을 것이다.

♥ 5~7세

• 합체 놀이: 아빠는 헐렁한 티셔츠를 입고 아이를 그 안으로 들어오게 한다. "자! 합체하자! 로봇 합체! 빠~ 빠바라밤." 하고 배경음을 부르며 아이와 합체하는 것이다. 티셔츠의 목과 팔이 나오는 부분에 아이의 목과 팔이 동일하게 나오도록 한다. 그 상태에서 전투하는 상황을 연출하면 재미있다. 첫째와 둘째 아이가 교대로 합체하며 전투를 벌이니 내 티셔츠는 항상 늘어나 있다.

• 멜로디 박스 놀이: 아이에게 아빠의 손등을 눌러 보라고 한다. 아이가 손등을 누르면 "띡!" 하는 효과음과 함께 노래를 부르면 된

다. 다시 손등을 누르면 노래가 멈춘다. 노래를 조금 부르다가 멜로디 박스가 고장 난 것처럼 연출하며 아이를 잡으러 가면 자연스럽게 추격전으로 연결된다.

• **종이접시 놀이:** 종이접시를 이용해 다양한 놀이가 가능하다. 동그란 모양이니 그림을 그려서 방패를 만들어 줘도 된다. 방패 안에 손잡이를 스티커로 붙여서 만들어 주면 더 완성도가 높아질 것이다. 종이접시를 날리며 서로 주고받기를 할 수도 있다. 날아다니는 비행접시 같기도 해서 아이들이 좋아한다.

02

아빠 놀이는 쉽고 빨라야 한다

변명 중에서도 가장 어리석고 못난 변명은 바로 '시간이 없어서'라는 변명이다.

• 토머스 에디슨

"외삼촌! 놀아 줘!"

내가 총각이었을 때 결혼한 누나가 집 근처로 이사를 왔다. 유치원에 다니던 조카는 나를 보면 항상 놀아 달라며 달려왔다. 처음 보는 조카라 온 가족의 사랑을 듬뿍 받았다. "엄마가 좋아? 아빠가 좋아?"라고 물으면 외삼촌이 좋다고 할 만큼 나를 잘 따랐다.

조카는 평소 만화 캐릭터 마스크를 가지고 싶다고 했다. 인터넷을 찾아보니 너무 비쌌다. 그래서 직접 만들어 주기로 결심했다. 인터넷에서 도면을 다운로드해 출력했다. 하드보드지에 출력한 종이를 붙이고 그대로 잘랐다. 접는 부분은 두꺼운 하드보드지에 칼집을 내서 접고 테이프로 붙이다 보니 생각보다 시간이 꽤 걸렸다. 옆에서 보고 있던 아이는 종이를 가지고 도망가거나 내 등에 업히며 장난을 걸어왔다.

"외삼촌! 나랑 놀자!"

"조금만 기다려. 외삼촌이 재미있는 것 만들어 줄게."

그렇게 2시간 동안 어렵게 마스크를 완성했다. 마스크를 쓴 조카를 보니 뿌듯함이 몰려왔다. 내가 가지고 싶을 만큼 멋져 보였기 때문이었다. 그런데 아이는 몇 번 써 보더니 답답했던지 5분 동안 가지고 놀다가 내려놓았다. 그리고 나에게 와서 장난만 걸어왔다. 할 수 없이 몸으로 놀며 남은 시간을 보냈다.

저녁이 되어 누나가 아이를 데려갔다. "빠이빠이." 하는 아이 손에 마스크를 쥐어 주었다. 며칠 뒤 누나에게 물어보니 마스크가 없어졌다고 했다. 어렵게 만든 마스크였는데 허탈감이 몰려왔다. 마스크를 만드는 동안 조카는 심심해했고, 나는 작업하느라 힘만 든 것이다.

세 아이의 아빠가 된 지금은 준비가 많이 필요한 놀이는 대상에서 제외한다. 퇴근 후나 주말에는 아이와 놀 시간이 많지 않다. 체력적으로도 방전되어 있는 상태라 준비 시간이 오래 걸리면 아빠도 힘들고 아이도 힘들다. 아빠의 놀이는 쉽고 빨라야 한다. 준비를 하더라도 집에 있는 간단한 재료로 바로 놀이가 가능해야 하는 것이다. 1~2분 이내에 준비가 끝나는 놀이가 좋다.

놀이를 위해 재료를 따로 구매해야 한다면 저렴한 것이 좋다. 아이들은 비싼 장난감이나 놀이 재료를 원하는 것이 아니다. 재미만 있으면 된다. 저렴해도 아이가 즐거우면 그것이 진짜 놀이인 것이다.

첫째 아이가 어릴 때는 항상 낮잠을 잤다. 오후에 한 번씩 아이를 재웠다. 재우지 않으면 큰일 나는 줄 알고 항상 낮잠 시간을 지켰다. 주말에 가족들과 외출을 해도 아이 낮잠 시간에 맞춰 집에 돌아왔다. 낮잠을 안 자면 컨디션이 좋지 않아 짜증을 냈기 때문이다. 그런데 아빠와 함께하는 주말에는 낮잠을 자지 않으려고 했다. 조금이라도 더 아빠와 놀고 싶어서 잠을 뿌리치는 것이다. 할 수 없이 아기 띠를 하고 자는 분위기를 만들어 주며 재웠다.

둘째와 셋째 아이가 태어나면서 낮잠 시간을 일부러 지키지 않았다. 못 지켰다는 표현이 더 정확할 것이다. 세 명을 동시에 재우기는 불가능했다. 한 명을 재우려고 하면 나머지 두 명이 시끄럽게 놀았기 때문이다.

"너희들이 자고 싶으면 자고, 놀고 싶으면 놀아라."

마음을 내려놓고 놀고 싶어 하는 아이들을 일부러 재우지 않았다. 실컷 놀고 난 뒤 곤히 자는 아이들을 보면 너무 귀여웠다. 그렇게 세 명의 아이가 동시에 자고 있으면 집이 너무 고요했다. 집 분위기가 낯설기도 하고 이상했다. 항상 시끌벅적하고 사고가 끊이지 않는 집이었기 때문이다. 신기하게도 아이들이 깨어 있을 때는 피곤했는데, 아이들이 자고 있으면 피곤함이 사라졌다. 오히려 온몸에 생기가 돌았다. 그 시간에 내가 하고 싶은 일을 하면서 자유시간을 보낼 수 있었기 때문이다.

항상 잠이 부족해서 낮잠을 자고 싶었는데, 아이들이 자고 있으면 낮잠보다는 다른 것을 하고 싶었다. 그렇다고 특별히 하는 것도 없었다. 아내와 이런저런 이야기를 하다가 책을 보려고 책장을 뒤적이다 보면 시간은 순식간에 지나갔다.

"으앙! 아빠. 아빠."

한 명이 깨어났다. 다른 집 아이들은 엄마만 찾는데 우리 아이들은 때때로 아빠를 찾았다. 아이가 깨어난 순간 갑자기 피곤해졌다. 아이들이 잘 때 같이 자둘걸 하는 후회가 밀려왔다. 자고 난 뒤 쌩쌩해진 아이는 아빠와 더 놀고 싶어 했다.

많이 피곤할 때는 몸을 많이 쓰지 않으면서 아이와 교감할 수 있는 놀이를 주로 했다. 내 가슴에 아이의 귀를 붙이고 심장 소리를 들려주는 것이다. 심장 뛰는 소리를 듣고 아이는 신기해했다. 그 뒤에는 반대로 내가 아이 심장 소리를 들으며 아이의 생명력을 느꼈다. 심장 소리는 아이에게 심리적인 안정감과 애착 형성에 도움을 줄 수 있다. 아빠의 귓속을 보여주는 것도 놀이다.

"아빠 귓속에 왜 코딱지가 있어?"

"하하하. 이것은 귀지야. 귀지가 있으면 벌레가 귓속으로 못 들어와."

귀지를 코딱지로 표현하는 아이가 사랑스럽고 귀여웠다. 반대로 아이의 귓속을 보며 염증이나 별다른 이상이 없는지 확인하는 시간을 가질 수 있다. 간단하게 아빠의 목젖을 보여 줄 수 있다. 목에 딱딱한 것이 있으니 아이에게 만져 보라고 하면 신기해했다.

"너도 크면 아빠처럼 이렇게 목젖이 생길 거야."

"우와."

아빠를 동경하는 아이가 자신도 아빠처럼 몸이 변한다는 사실은 흥분되는 일이다. 동시에 아빠의 몸은 아이에게 생물학 교과서이기도 한 것이다. 오후쯤 되면 턱수염이 까슬까슬하게 자라 있다. 이 턱수염을 이용해서 아이 발바닥을 문지르거나 손등을 비비면 집에 웃음소리가 끊이지 않을 것이다. 아이를 더 웃게 하고 싶어서 심하게 비비다 보면 아파할 수도 있다. 그러니 적당한 선에서 마무리해야 한다.

아빠 옷을 입혀 보는 것도 재미있다. 서준이는 아빠 물건이나 옷에 항상 관심이 많았다. 간단한 운동복이나 회사 다닐 때 입는 재킷을 입히면 참 귀여워 보였다. "서준이 아빠 됐네. 우와." 하며 이것저것 입혀 보았다. 그러면 아이는 뿌듯해하며 엄마에게 자랑하러 갔다.

아빠들과 상담을 하다 보면 비싼 장난감을 사 주고는 아빠 노릇을 다한 것처럼 생각하는 경우가 많다. 비싸도 아이의 지속적인 호기심과 재미를 만족시켜 주지 못하면 집 한구석에서 먼지만 쌓일 뿐이다. 저렴하더라도 아빠와 상호작용하며 끊임없이 이야기를 만들어 내고 재미를 충족할 수 있다면 최고의 놀이인 것이다. 아이를 키우다 보면 돈 들어갈 일이 많아진다. 놀이의 효과도 떨어지고 아빠의 통장만 홀쭉해지는 일을 굳이 할 필요가 없다.

아빠와 엄마는 항상 피곤하다. 일하랴 육아하랴 몸이 열 개라도 모자라다. 가뜩이나 피곤한데 아이 놀이를 위해 많은 시간을 쏟으며 에너지를 낭비할 필요가 없다. 아빠와 몸으로 하는 놀이는 준비 시간이 필요 없어 바로 시작할 수 있다. 격렬하기도 하고 때로는 차분하게 아이의 호기심을 자극할 수 있다. 쉽고 빠른 아빠 놀이를 통해서 불필요하게 소모되는 에너지를 아껴 보자.

03

아이가 놀이를
주도하게 하라

인간은 놀이를 즐기고 있을 때만이 완전한 인간이다.

· 프리드리히 실러

아이들과 함께 블록놀이를 할 때였다. 서준이는 블록을 높이 쌓으려고만 해 금방 무너질 것 같았다. 쌓을 블록은 아직 많이 남았는데 벌써부터 흔들거렸다. 엉성한 부분을 보완해 주려고 하니 서준이가 갑자기 소리를 질렀다.

"아니야! 내가 할 거야! 내가! 내가!"

"이러다 다 무너져. 아빠가 도와줄게."

"아니야! 내가 힘들게 쌓은 거야. 만지지 마."

"아빠가 만지지도 못하게 할 거면 왜 같이 블록놀이하자고 그러냐."

자신의 작품에 아빠가 손을 대니 무척 싫었던 것이다. 한발 물러서서 보니 금방이라도 넘어질 것 같았다. 그래도 블록으로 만든

위태로운 탑은 아이 키만큼 높게 올라와 있었다. 예상했던 대로 곧 무너질 듯 흔들거렸다. 결국 탑은 옆으로 기울어지며 블록이 사방으로 튀었다.

"이것 봐. 아빠가 무너질 것 같다고 했잖아."

"아앙! 아빠가 만져서 무너졌잖아."

"아빠 지금 너무 억울하다."

억울한 마음을 쓸어내리며 사방으로 튕겨나간 블록을 다시 모았다. 그리고 재빠르게 블록을 쌓아 탑을 만들었다. 벽돌 쌓듯이 하단부터 튼튼하게 블록을 맞춰서 탑을 신속하고 정확하게 완성했다.

"이것 봐봐. 이제 튼튼하다. 멋있지?"

"이렇게 하는 것 아니야."

아이는 내가 효율적이고 튼튼하게 쌓은 블록 탑을 다시 부쉈다. 그리고 다시 엉성하게 블록을 맞추며 탑을 쌓았다. 이번에도 블록을 높게 쌓았는데 조금 전보다는 덜 흔들렸다. 결국 블록으로 탑을 완성하고 뿌듯해했다.

아이는 나에게 자랑한 뒤 엄마에게 갔다. 그 사이에 채윤이가 지나가다 블록을 다 부숴버렸다. 엄마를 데리고 온 서준이는 망가진 블록 탑을 보며 결국 울음을 터트렸다.

"아앙!"

"괜찮아. 다시 쌓으면 되지. 아빠랑 더 멋지게 만들어 보자."

이번에는 아빠와 함께 블록을 쌓으며 더 튼튼한 탑을 완성시킬 수 있었다.

놀이의 주체는 아이 자신이어야 한다. 부모가 앞장서서 아이에게 이렇게 저렇게 하라고 지시한다면 아이의 자율성이 떨어진다. 아이 나름대로 상상해서 만든 설계도가 있다. 이를 무시하고 부모 마음대로 한다면 결국 아이는 자신이 제대로 했다는 느낌을 받을 수 없다.

아이는 아직 미숙하고 실수투성이다. 옆에서 지켜봤을 때 분명 실패할 결과가 뻔히 보인다. 그래서 부모가 개입해서 도와주려고 하지만 오히려 아이의 자신감만 떨어뜨릴 수 있다. 아이가 실패할 수 있는 기회를 빼앗아 버리는 것이다. 놀긴 놀았지만 그 속에서 뿌듯함과 성취감은 느낄 수 없다.

이렇게 되면 놀았지만 진짜로 논 것이 아니다. 부모는 많이 놀았다고 생각해 정리하려고 하지만 아이는 더 놀자고 칭얼댈 뿐이다. 부모는 "많이 놀았으니까 이제 정리해."라고 말하지만, 아이는 "더 놀고 싶어!"라며 대응한다. 놀이를 통한 재미와 만족은 느끼지 못했기 때문이다.

아이들과 어떻게 놀아야 할지 잘 모르는 부모들이 생각보다 많다. 또는 스스로는 잘 놀아 주고 있다고 생각하지만 그 반대인 경우도 있다. 잘못 놀아 주는 부모 유형은 크게 3가지다.

첫째, 공부형이다. 놀이를 통해 뭔가를 가르치려고 하는 유형이다. 학습이 나쁜 것은 아니지만 가르치려 할수록 재미가 떨어진다. "이것은 무슨 색이지? 영어로는? 몇 개야? 하나를 빼면 몇 개가 남지? 무슨 모양이야?" 등등 자꾸 질문을 한다. 이런 유형은 아이가 학습적인 효과도 얻기 어렵다. 아이가 느끼기에 색이고 뭐고 짜증만 날 뿐이다.

놀이를 통해 자연스럽게 학습하는 것들은 많다. 그런데 억지로 아이에게 주입하려 할수록 호기심만 떨어질 뿐이다. 자꾸 시험 보듯 물어보는 사람이 옆에 있다면 나라도 함께 놀기 싫을 것이다. 놀아도 논 게 아니고 심술만 나니 엄마에게 혼나는 악순환이 계속된다.

둘째, 철학가형이다. 아이는 놀다 보면 반칙도 하고, 질 것 같으면 도망가기도 한다. 이런 상황에서 아이에게 원리 원칙적으로만 말하는 부모가 있다.

"반칙하면 어떻게 해? 정직하게 해야지. 그러다가 경찰 아저씨 와."

"시작하면 끝까지 해야지. 넌 왜 그렇게 마무리를 못 해?"

반칙을 한다고 위협해서 겁을 주거나 비난해서는 안 된다. 아무리 냉정하고 엄격한 세상이라고 할지라도 벌써부터 가르칠 필요는 없다. 아이에게 불안감만 키워 줄 뿐이다. 어린아이에게 세상은 안전하고 살 만한 곳이라는 것을 느끼게 해 줘야 한다. 이런 느낌은 아이에게 안정감을 줄 수 있기 때문이다.

셋째, 독불장군형이다. 아이에게 지시만 한다. 아이가 실패할 수 있는 여건을 모두 제거하고 부모가 원하는 방향으로만 놀이를 끌고 가는 것이다.

"그렇게 하면 안 되지. 반대로. 아니. 아니. 옆으로."

아이가 어떤 불만을 느끼고 생각하는지 아랑곳하지 않는다. 이런 유형은 아이가 성장해서도 부모 주도적으로 아이를 키울 확률이 크다. 부모의 실패를 내 아이에게는 경험하게 하고 싶지 않은 것이다.

부모는 아이가 실패하더라도 기다려 주는 훈련이 필요하다. 아이가 노는 것조차 처음부터 끝까지 대신해 주려 할수록 아이는 오히려 자신감에 상처만 입는다. 아이에게 실패할 수 있는 기회를 충분히 제공해야 한다. 부모가 군이 기회를 제공하지 않더라도 스스로 실패한다. 단지 시간과 공간만 제공해 주면 된다. 실패를 통해 배우고 다시 도전하고 보완하는 과정을 통해 스스로 많은 것을 배울 수 있기 때문이다. 성공한 사람은 수천 번 실패해 본 사람이다. 실패 경험이 있어야 비로소 성공도 할 수 있는 것이다.

부모는 단지 아이가 자유롭게 놀이를 선택하고, 깊게 몰입할 수 있도록 살짝 지원만 해 주면 된다. 아이들은 놀이를 통해 즐거움과 성취감이라는 강한 정서적 만족감을 느낄 수 있다. 감정 조절 능력 또한 향상된다. 자율적인 놀이는 인간의 인생에서 정서의 기초를 쌓을 수 있는 필수적인 요소다. 또한 자율적인 놀이를 통해 스스로 잘할 수 있는 것이 하나둘씩 늘어갈 때 자신감이 생긴다. 너무 많은 개입보다 지켜보는 것만으로도 아이는 스스로 배우고 성장한다. 놀이의 주도권을 아이에게 넘겨서 제대로 놀게 해 주자.

04

아들과 딸의 놀이는 달라야 한다

한 번에 바다를 만들려고 해서는 안 된다.
먼저 시냇물부터 만들어야 하는 것이다.

· 《탈무드》 중에서

서준이와 유준이는 2년 터울로 태어났다. 처음에는 서준이가 동생을 질투하지는 않을까 걱정했다. 아내와 아이 심리를 공부하며 서준이에게 더 사랑을 쏟아 주었다. 그 덕분인지 서준이는 동생을 좋아하고 잘 놀아 주었다. 서준이와 유준이는 돌이 지나고 걷기 시작했다. 서준이는 특히 걷기가 늦었는데 무슨 문제가 있나 아내와 걱정을 많이 했다. 그런데 지나고 보니 괜한 걱정이었다. 많은 우여곡절이 있었지만 결국 걸을 때가 되면 걷고 말할 때가 되면 말을 했다.

셋째 딸 채윤이가 태어나서 기르다 보니 아들과는 다르다는 것을 알게 되었다. 돌이 되기 전에 걷기 시작하고 말도 빨리 했다. 그 작은 발로 걸어 다니고 "아빠. 아빠." 하며 나를 부르는 모습은 인생의 기쁨이었다. 채윤이는 '엄마'보다 '아빠'라는 말을 먼저 했다. 오빠들이 집에서 "아빠. 아빠." 하니 그 말을 많이 들었던 것도 한 몫했을 것이다. 아이들의 성장과정은 언제 보더라도 신기하고 사랑스럽다.

아들과 딸은 행동에서도 많은 차이를 보였다. 서준이와 유준이는 기저귀를 갈아 줄 때 가만히 누워 있지 못했다. 계속 움직이는 통에 손에 장난감 하나라도 쥐어 주어야 겨우 갈 수 있었다. 반면에 채윤이는 기저귀를 갈아 줄 때면 얌전히 잘 누워 있었다. 돌이 지나고 나니 스스로 기저귀를 가져와서 갈아달라며 손짓했다. 아들 녀석들은 누우라고 여러 번 말해야 누웠지만, 채윤이는 한 번만 말하면 바로 누웠다.

아이들이 칭찬받고 싶어 하는 것도 달랐다. 아들은 제자리에서 점프를 하거나 멀리뛰기, 매달리기, 무거운 물건 들기 등을 자랑하며 칭찬받고 싶어 했다.

"아빠! 이것 봐봐요! 아빠! 이것 좀 보라고요! 아빠! 아빠!"

"아빠 좀 그만 불러. 아빠 닳겠다."

아내는 지치지도 않고 아빠를 부르는 아이들에게 한마디하곤 했다. 그런데 딸은 확실히 달랐다. 장난감을 바구니에 담거나 기저귀를 쓰레기통에 버리는 것으로 칭찬받는 것을 좋아했다. 채윤이는 기저귀를 버리고 손뼉을 치며 스스로 칭찬하고 내게도 손뼉 쳐 주길 바랐다. 내가 기저귀를 버리는 모습을 멀리서 보기라도 하는 날에는 대성통곡을 하며 달려왔다. 그래서 하는 수없이 기저귀를 쓰레기통에서 꺼내서 채윤이가 버리도록 해 주었다. 그러면 언제 그랬냐는 듯이 웃으면서 손뼉을 쳤다.

남자아이는 여자아이보다 느리다는 말을 많이 한다. 사실은 발달 순서가 다른 것이다. 남자아이는 공간 기억과 대근육 관련된 부위가 먼저 발달하고, 여자아이는 언어와 소근육 관련된 뇌가 먼저 발달한다. 그러나 성인이 되면 남녀 간 뇌의 차이가 크지 않다.

그런데 교육 현실은 여자아이에게 유리하다. 말하기와 읽기 쓰기를 배우는 데 여자아이는 별 어려움이 없다. 그러나 남자아이는 한창 대근육이 발달할 시기인데 앉아서 공부를 강요당하니 장난꾸러기 취급만 받을 뿐이다. 아무도 남자아이의 대근육 발달에 관심이 없다.

엄마는 여자이기 때문에 남자아이를 더 이해하기 어렵다. 어린이집, 유치원, 학교 선생님은 대부분 여자다. 여자는 남자아이의 이런 특성을 대부분 잘 이해하지 못한다. 그래서 남자아이는 유아기와 아동기에 좌절감을 많이 맛본다. 끊임없이 비교당하고 엄청난 스트레스를 받는다. 그래서 아빠가 나서야 한다. 아빠는 남자이기 때문에 아들의 행동을 본능적으로 알고 있기 때문이다.

아이들이 성장하면 남자와 여자의 차이는 점점 줄어들게 된다. 그런데 남자아이가 잘할 수 있는 시기가 왔을 때 좌절감과 열등감이 남아 있으면 노력하지 않게 된다. 자신의 능력을 믿지 못하는 것이다. 그래서 남자아이에게 중요한 것은 자존감이다. 나는 부모에게 사랑받고 존중받는 존재라고 느끼게 하는 것이다. 이런 자존감은 어려운 일도 잘 이겨낼 수 있다는 자신감을 가지게 된다. 자존감을 가진 아이는 성인이 되었을 때 무엇이든 도전하고 해낼 수 있는 적극성을 가질 것이다. 그러니 남자아이의 부모는 인내심을 가지고 기다릴 줄 알아야 한다. 남자아이의 특성에 맞는 육아 방법을 소개하겠다.

첫째, 아빠의 감정을 솔직히 표현한다. 흔히들 남자는 태어나서 세 번 운다는 말이 있을 정도로 감정을 억제하라고 배운다. 아이에게 남자다움을 강조하지 말고 감정 자체를 솔직히 표현하는 모습을 보여 줘야 한다. 남자아이의 롤 모델은 아빠의 비중이 크기 때문이다. 아이가 화가 났을 때는 감정을 말로 표현하는 것을 가르쳐 줘야 한다. 남자아이는 자신의 감정을 말하는 것을 어려워하기 때문이다. "속상했구나.", "화가 많이 났구나.", "슬펐구나."처럼 감정을 언어로 표현하게 만들어 주자. 공격적인 행동 대신 자신의 감정을 말로 표현할 것이다.

둘째, 자기 자신과 경쟁하도록 유도한다. 남자아이들은 무엇이든 이기고 싶어 한다. 형제끼리도 경쟁하며 무조건 1등을 외친다. 예를 들어 달리기 시합을 하면 이기고 싶어 하고, 만약 지게 되면 금방 울음바다가 될 것이다. 그래서 모두 1등을 할 수 있게 했다.

"서준이는 여섯 살에서 1등! 유준이는 네 살에서 1등! 아빠는 서른여덟 살에서 1등!"

나이별로 모두 1등으로 만들어 주면 된다. 경쟁은 하되 서로 다른 영역과 방향으로 1등을 만들면 아무도 지는 사람이 없다. 만약 매달리기를 하면 숫자를 세서 점점 오래 매달리는 것을 칭찬해 준다. 어제보다 오늘 더 잘하고 있다는 것을 응원해 주면 스스로 성취감을 느낄 수 있을 것이다.

셋째, 신체활동이 많은 놀이를 한다. 남자아이들은 에너지가 넘친다. 대근육을 발달시켜야 하는 시기이기 때문에 여자아이에 비해서 산만해 보이기도 한다. 남자아이는 폭력적이고 공격적인 것이 정상이다. 그래서 놀이를 통해 공격성을 표출할 수 있는 기회를 줘야 한다. 집에서는 아빠와 함께하는 레슬링, 베개 권투시합, 씨름, 태권도 등 아이가 많이 움직이는 놀이가 좋다. 야외활동을 한다면 달리기 시합, 축구, 잡기 놀이 등이 적합하다.

넷째, 평소 스킨십을 자주 한다. 적극적으로 뽀뽀하고 안아 주고 머리를 쓰다듬어 줘야 한다. 엉덩이를 토닥이면서 "우쭈쭈 우쭈쭈." 하며 애정을 듬뿍 주자. 남자아이 특유의 공격성이 줄어들고, 부드럽고 감수성이 풍부해질 것이다.

앞서 말했듯이 남자아이는 대근육이 먼저 발달하기 때문에 언어영역에서는 미숙하다. 어린 남자아이에게 읽기, 쓰기, 말하기를 강요하면 안 된다. 아이가 한글이나 영어에 호기심이 있다면 많이 노출해 주는 것이 좋다. 하지만 관심 없는 아이를 억지로 시키면 거부감만 커질 것이다.

여자아이는 섬세하고 언어 발달이 빠르다. 남자아이보다 다른 사람을 이해하는 공감능력도 뛰어나다. 부모에게 좋은 평가를 받는 것을 더 중요하게 여긴다. 그래서 부모가 싫어하는 것은 안 하려는 성향이 있다. 여자아이는 관계를 중요하게 여기기 때문이다. 이렇게 딸은 언어능력과 공감능력의 성장 속도가 빠르다. 다만 아들에 비해 상대적으로 성장이 느린 대근육 발달, 도전정신을 놀이를 통해 키워 주자. 그러면 당당한 어른으로 자랄 것이다. 딸을 위한 육아 방법을 소개한다.

첫째, 신체활동을 많이 한다. 아들과 마찬가지로 딸도 신체활동을 많이 해야 한다. 활발한 신체활동으로 인한 자극은 대근육을 발달시킬 뿐만 아니라 스트레스 해소에도 도움이 되기 때문이다. 아빠 몸 매달리기, 탈출 놀이, 터널 놀이, 신문지 격파 등 아빠와 몸으로 할 수 있는 놀이를 하자. 또한 여자일수록 실내 활동보다 바깥놀이를 통해 다양한 자극에 노출시켜야 한다. 거친 놀이를 하더라도 응원해 주자.

둘째, 도전할 수 있는 기회를 준다. 많은 부모들은 딸을 아들보다 더 보호하려는 성향이 있다. 신체적으로 딸이 아들보다 연약할 수 있지만 정신은 연약하지 않다. 딸을 보호하려 할수록 무의식적으로 '너는 약하고 무능하다'는 생각을 심어 주게 된다. 모험을 통해 도전하며 실패를 극복하는 기회를 빼앗는 행위가 되는 것이다. 결과적으로 딸에게 낮은 자존감을 심어 줘서 남에게 의존적인 사람으로 성장하게 된다. 작은 일이라도 옆에서 응원해 주며 스스로 해내는 성취감을 느끼게 해 줘야 한다. "안 돼."라는 말보다 "한번 해 봐."라는 말로 자신의 의지대로 행동할 수 있는 기회를 주자.

셋째, 낯선 즐거움을 느끼게 해 준다. 딸이 인형, 분홍색 옷 등을 좋아한다고 비슷한 것만 사주면 안 된다. 자동차, 블록 등 다양한 장난감을 접하고 만질 수 있는 기회를 줘야 한다. 여자아이에게 부족한 공간능력이나 체계화 능력을 키우는 데 도움이 되기 때문이다. 딸에게 여성적인 것을 강요하기보다는 다양한 자극을 통해 낯선 즐거움을 느끼게 해 줘야 한다. 다양한 장난감, 놀이, 장소를 제공해서 풍성한 뇌 발달을 도와주자.

남자와 여자의 차이를 말하면 일부 사람들은 한쪽이 열등하다는 의미로 생각한다. 하지만 다시 생각해 보자. '빨간색과 노란색은 다르다'라는 것이 어느 하나가 더 낫다는 말은 아니다. 위가 아래보다 낫지 않고, 차가움이 뜨거움보다 더 낫지 않다. 우열을 가리는 것이나 차별을 하는 것이 아니다. 그것은 그냥 존재하는 그대로이고, 서로 다를 뿐이다. 아들과 딸의 차이를 이해하는 것부터 시작해야 한다. 특히 아빠가 아들과 딸에게 맞는 놀이를 적용하다 보면 부족한 부분을 채워 줄 수 있을 것이다.

05

놀이공원보다 재미있는
집에서 하는 놀이

한 번의 큰 성공보다 일관성 있는 작은 행동이 위대함을 결정한다.

· 짐 콜린스

날이 덥거나 추워서 또는 미세먼지 때문에 외출을 못하는 경우가 있다. 이런 때는 집에 있을 수밖에 없다. 집에만 있어야 하는 아이는 심심하다며 노래를 부를 것이다. 집에서 할 수 있는 놀이는 많다. 아이와 집에서 즐거운 시간을 보낼 수 있는 놀이를 소개한다.

거미줄 놀이

방문을 열고 문지방에 테이프를 여러 각도로 길게 5~6줄 붙이고 그 사이를 통과하는 놀이다. 영화의 한 장면처럼 테이프 사이를 통과해야 하기 때문에 정교한 움직임이 필요하다. 테이프를 너무 촘촘하게 붙이면 통과하기 어렵다. 듬성듬성 붙여야 통과할 맛이 난다. 아이가 어려서 통과하기 힘들다면 길게 붙인 테이프에 작은 장난감을 붙여놓고 구출하는 놀이를 할 수도 있다.

🤖 우가차차 놀이

아이가 양치를 해야 할 때 화장실까지 잘 따라와 주면 좋겠지만 항상 안 하겠다며 도망간다. 아이 입장에서는 다른 놀이를 더 하고 싶어 하기 때문이다. 그래서 고민한 끝에 화장실까지 재미있게 가는 놀이를 만들었다. 바로 우가차차 놀이다.

"어린이들. 우리 우가차차 하면서 화장실 갈 거예요. 아빠 따라올 사람!"

"저요! 저요!"

"그럼 아빠 뒤에 한 줄로 서세요."

아이들이 한 줄로 서면 화장실로 걸어가면서 팔을 쭉쭉 뻗는다. 하와이 원주민처럼 "우가차차! 우가차차! 우가우가!"를 외치면서 걸어가면 된다. 도착하면 "우에!"하면서 혀를 쭉 내민다. 누가 보면 어이없어 보이겠지만 아이들과 하면 재미있다. 아이들 양치를 마치고 엄마에게 가면서 우가차차 춤을 추면 잘 따라올 것이다.

🤖 보물찾기 놀이

특별한 보물이 없어도 집에서 보물찾기 놀이를 할 수 있다. 아이에게 포스트잇 5~6개 정도에 그림을 그려 보라고 한다. 그다음 아빠가 포스트잇을 거실 여기저기에 붙인다. 아이에게 찾아보라고 하면 재미있어하며 열심히 찾을 것이다. 포스트잇이 없으면 아무 종이에 그림을 그리고 숨기면 된다.

초반에 찾기 힘든 곳에 숨기면 아이가 어려워할 수 있으니 잘 보이는 곳에 놔야 한다. 아이가 다 찾으면 꼭 칭찬을 해 준다. "관찰력이 대단하다.", "포기하지 않고 끝까지 잘 찾았네. 멋지다." 하면서 응원을 잊지 말자.

다음에는 역할을 바꿔서 아이가 숨기고 아빠가 찾기를 하며 즐거운 시간을 보낼 수 있다. 대부분 아이들은 자신이 숨긴 곳을 알려 주고 싶어 하니 쉽게 찾을 수 있을 것이다.

🔄 누워서 빙글빙글 놀이

아이를 안전한 매트 위에 눕히고 아빠는 아이의 두 다리를 잡는다. 그 상태로 다리를 원을 그리며 돌리면 아이 몸도 따라 360도로 빙글빙글 돈다. 방향을 바꿔서 돌려 주면 아이는 예상하지 못한 상황에 더 즐거워할 것이다. 주변에 가구나 장난감이 있으면 머리를 다칠 수 있으니 꼭 안전한 공간에서 해야 한다. 아이는 놀이공원에서 회전 컵을 타는 재미를 느낄 수 있을 것이다.

🔄 아빠와 딩굴딩굴 놀이

아빠가 피곤해서 바닥에 누워 있으면 아이들은 항상 배 위로 올라온다. 이때 할 수 있는 놀이가 있다. 누운 상태에서 아이를 안고 옆으로 뒹굴뒹굴 구르는 것이다. 매트 위에서 아이 머리를 받치고 조심스럽게 굴러 보자. 아이와 자연스럽게 스킨십을 하면서 놀수 있다. 아이는 혼자 구르는 것보다 아빠를 안고 뒹굴뒹굴 구르는 것을 신기하고 재미있어할 것이다.

🤸 옆으로 돌기 놀이

아이들은 에너지가 넘친다. 이 에너지를 실외에서 발산하면 좋겠지만 집에 있어야 할 때는 주체하지 못할 때가 많다. 이럴 때는 옆으로 돌기 놀이를 추천한다. 손을 바닥에 짚고 옆으로 도는 놀이다. 아빠가 먼저 시범을 보여 주고 따라 해 보라고 하자. 내가 처음 아이들에게 텀블링 시범을 보여 주었더니 손뼉을 치며 대단하게 바라봤다. 아이가 처음에는 잘 못할 테니 몸을 잡아 주면서 천천히 시도해 본다. 어설프더라도 끝에는 항상 "짠!"하며 마무리 동작을 취하게 해 준다. 아이의 운동신경 발달에 도움이 된다. 무엇보다 도전하며 성취하는 기쁨을 줄 수 있을 것이다.

🚇 터널 놀이

부모가 소파에 앉아 있으면 아이들은 등 뒤에 작은 공간이나 무릎 사이를 힘들게 비집고 들어온다. 이것에 착안해서 터널 놀이를 만들었다. 아빠가 앉아서 무릎을 굽히면 그 사이 작은 공간이 생긴다. 아이에게 여기는 터널이라고 하면서 지나가도록 하는 것이다. 터널을 통과할 때마다 숫자를 불러 줘서 얼마만큼 많이 지나 갔는지 계속 알려 준다. 아이는 낮은 자세로 지나가야 하니 횟수가 많아질수록 체력 소모가 상당하다. 아빠는 앉아서 숫자만 불러주면 돼서 아주 편한 놀이다.

🤷 어느 손에 있을까 놀이

형제 사이에서는 항상 다툼이 있게 마련이다. 장난감을 서로 가지고 놀겠다며 싸우는 경우는 어느 집에서나 흔히 볼 수 있는 풍경이다. 이때 아빠가 나서서 다그치기보다 재미있게 분위기를 전환시킬 수 있다.

일단 싸움의 원인이 된 장난감을 아빠가 잡는다. "띠리리리 띠 띠~ 띠리리리 띠띠~." 하며 장난감을 양손을 번갈아가며 잡다가 등 뒤에 숨긴다. 그리고 "어디 있을까요?" 하며 주먹을 내민다. 아이들이 하나씩 주먹을 선택하면 손을 펴서 빈손을 보여 준다. 그 뒤한 손을 빙빙 돌려 아이들의 시선을 분산시킨 후 다른 손으로 숨겨놨던 장난감을 잡는다. 그리고 아이 귀에서 꺼내는 시늉을 한다. 아이들은 신기해하며 싸웠던 것은 금세 잊고 아빠의 마술 놀이를 따라 할 것이다.

🤺 투우사 놀이

수건 한 장만 있으면 가능한 놀이다. 빨간 수건이면 더 좋다. 아빠는 소가 되고 아이는 수건을 흔들며 투우 경기를 재현해 볼 수 있다. 아빠가 양손으로 뿔 모양을 만들고 달려가면 더 재미있어할 것이다. 역할을 바꿔서 아이가 소가 되어 놀 수도 있다. 아빠는 피하지만 말고 달려오는 아이와 부딪쳐서 넘어지는 할리우드 액션을 해 보자. 깔깔거리며 웃는 아이를 볼 수 있을 것이다.

06 아이를 성장시키는 놀이는 따로 있다

좋아하는 일을 하라. 그러면 도전에 더 많은 목적의식이 생긴다.
· 마크 저커버그

　세상에 놀이를 싫어하는 아이는 없다. 아침에 일어나서 저녁에 자기 전까지 논다. 무한한 에너지로 지치지도 않는다. 끊임없이 장난치고 사고 치며 가만히 있지 않는다. 사실 어른도 하루 종일 놀고 싶다. 어른이든 아이든 놀이에 대한 욕구는 인간의 본능이다. 놀이를 통해 세상을 살아가는 법을 배울 수 있기 때문이다.

　아이들이 좋아하는 달리기는 인류가 원시 시대부터 생존을 위해 해온 훈련이라고 볼 수 있다. 거의 모든 놀이는 아이에게 다양한 자극과 배움을 준다. 그중에서 아이를 성장시킬 수 있는 몇 가지 놀이를 선정했다. 상황에 따라 시도해 보자.

• **매미 놀이**: 아이들은 어디든지 매달리고 싶어 한다. 퇴근하고 집에 가면 아이들은 아빠 다리에 매달려 놓아 주지 않는다. 그래서 아이들이 실컷 매달릴 수 있게 매미 놀이를 자주 했다. 아빠 다리에 매달리게 한 다음 숫자를 센다. 아이가 힘이 들어서 내려오면 오래 버텼다며 칭찬해 주면 된다. 매달린 상태로 "맴맴." 하며 매미 소리를 내 보라고 시켜도 된다. 아이들을 매달고 집 여기저기를 어기적거리며 걸어 다니면 더 재미있어할 것이다

• **아빠 팔에 매달리기 놀이**: 매미 놀이와 비슷하지만 이것은 아빠 팔에 매달리는 놀이다. 아이를 아빠 팔에 매달리게 한 뒤 벌떡 일어서면 된다. 이때도 숫자를 세서 오래 매달릴 수 있는 동기부여를 해 주면 좋다. 아이는 떨어져도 다시 매달려서 더 오래 버티려고 할 것이다. 이 놀이는 근육 발달에 도움이 된다.

• **탈출 놀이**: 우선 아이를 양팔과 다리로 껴안는다. "여기는 감옥이다. 이제 못 나온다." 하며 연기를 하면 나오려고 발버둥을 칠 것이다. 계속 못 나오게 힘을 주면 아이가 답답해할 수도 있다. 조금씩 힘을 풀어서 아이가 탈출할 수 있도록 유도하면 된다. 아이가 탈출하면 "어? 어떻게 된 거지? 여기서 탈출을 하다니. 대단하군." 하며 바보 악당 연기를 하면 더 재미있어할 것이다. 그리고 이 과정을 아이가 싫증 날 때까지 계속 반복하면 된다.

• **베개 권투 놀이**: 아빠가 베개를 들고 있고 아이는 그것을 주먹

으로 힘껏 치는 놀이다. 평소 하지 말라는 제약이 많았던 아이, 공격적인 아이에게는 에너지를 마음껏 발산할 수 있는 기회가 된다. 아빠는 맞지만 말고 베개 끝을 잡고 반격도 해 본다. "와. 챔피언 선수. 주먹을 날립니다. 제대로 들어갑니다. 베개 선수가 휘청거리네요. 하지만 이내 반격을 합니다. 레프트! 라이트! 배꼽 공격!" 아나운서가 중계를 하듯 실시간으로 해설을 하면 더 맛깔 나는 놀이가 될 것이다.

🎲 언어 이해력을 높이는 놀이

• **입모양 보고 단어 맞히기 놀이**: 집에 있는 물건 이름을 소리 내지 않고, 입 모양으로만 말해서 맞히는 놀이다. 아빠가 문제를 내고 아이가 정답을 맞히면 된다. 처음에는 쉬운 단어로 시작해 점점 난이도를 높여 보자. 아이가 잘 못 맞힌다면 첫 글자나 마지막 글자를 알려 주며 힌트를 조금씩 주면 된다. 때로는 속삭이듯 소리를 내면 바로 맞힐 것이다. 아이가 정답을 맞히면 집에 있던 장난감을 상품이라고 하며 선물로 준다. 평소 잘 가지고 놀지 않던 장난감을 상품으로 주면 신선하고 더 재미있어할 것이다. 반대로 아이가 문제를 내고 아빠가 정답을 맞히는 것도 재미있다.

• **이름 맞히기 놀이**: 아빠가 '꿀꿀' 하고 동물 소리를 내면 아이가 '돼지'라고 이름을 맞히는 놀이다. 아이가 3세부터 시작할 수 있는 놀이다. 아이가 문제를 내고 아빠가 맞히며 역할을 바꿀 수도 있다.

쥐는 '찍찍', 소는 '음매', 닭은 '꼬끼오', 개는 '멍멍', 병아리는 '삐약 삐약', 개구리는 '개굴개굴', 늑대는 '아~우', 염소는 '매애애' 등 다 양한 동물 소리를 맞힐 수 있다. 때로는 아이가 좋아하는 노래를 부르며 제목을 맞힐 수도 있고, 만화 캐릭터 흉내를 내서 문제를 내는 것도 가능하다. 가족 중 평소에 하는 말과 행동을 문제로 내 서 누구인지 맞히는 것도 재미있다.

"'앗! 빨리 출근해야 돼.' 누굴까요?"

"아빠!"

"오! 정답! '아가들 밥 먹어라.' 이건 누굴까요?"

"엄마!"

"정답! 그럼 이건 어려울 것이다. '께께' 이건 누굴까요?"

"음… 채윤이!"

"와! 정답!"

🌱 자신감이 쑥쑥 커지는 놀이

• 아빠 이불 놀이: 아이들과 이불로 하는 놀이는 항상 성공한다. 이불 김밥, 이불 썰매 등 《아빠 육아 공부》에 이불로 할 수 있는 다 양한 놀이를 소개했었다. 아빠가 아이에게 해 준 놀이를 반대로 아 이가 아빠에게 할 수도 있다. 아빠가 이불 위에 누워 있으면 아이 가 이불을 잡고 끌게 하는 것이다. 아빠를 끄는 것이 쉽지는 않지 만 5~6세 아이라면 충분히 끌 수 있다. 잘한다며 추임새를 적절히

넣으면 열심히 끌 것이다. 아이는 아빠를 끌 수 있는 힘이 자신에게 있다는 것에 놀라워하며 자신감이 생길 것이다.

• 손바닥 씨름 놀이: 아이들은 아빠에게 힘자랑을 하고 싶어 한다. 손바닥 씨름은 실컷 힘을 쓸 수 있게 하는 놀이다. 아이와 아빠가 손바닥을 마주 대고 서로 미는 시합이다. "이얍! 파워!" 하면서 기합 넣는 것은 필수다. 아빠가 밀고 밀리며 흥미진진하게 진행한다. 마지막에는 아빠가 밀리며 뒤로 꽈당 넘어지는 연기를 하면 더 재미있어할 것이다. 아빠를 이긴 아이는 자신감과 함께 아빠와의 스킨십을 통해 애정도 느낄 수 있다.

• 신문지 격파 놀이: 신문지로 할 수 있는 놀이는 무한대다. 돌돌 말아 칼을 만들 수도 있고, 잘게 찢어 눈처럼 날릴 수도 있다. 뭉쳐서 공을 만들어 놀 수도 있고, 접어서 비행기나 모자를 만들 수도 있다. 신문지 격파 놀이는 아빠도 재미있는 놀이다. 아빠가 신문지 한 장을 잡고 있으면 아이가 주먹으로 격파한다. 쫙 찢어지며 스트레스 해소에도 도움이 된다. 주먹뿐만 아니라 발이나 머리로 격파를 하는 것도 재미있다. 길게 찢은 신문지는 아이가 손을 펴서 격파하게 하면 더 잘 찢어질 것이다.

• 지구 들기 놀이: 아이에게 지구를 들게 해 준다고 하면 의아해할 것이다. 매트 위에서 아이 다리를 잡고 물구나무를 설 수 있게 도와준다. 그 상태로 숫자를 세서 얼마만큼 오래 지구를 들고 있었는지 알려 준다. 황당한 설정이긴 하지만 지구를 들었다는 상상만

으로도 재미있어할 것이다.

아이들은 단순하다. 아빠와 함께하는 시간이라면 무엇을 해도 재미있다. 아빠의 스킨십과 함께하는 즐거운 놀이는 아이를 정신적, 신체적으로 성장시킬 것이다. 놀기만 한다고 걱정할 것이 아니라 못 노는 것을 걱정해야 한다. 놀이를 통해 사물을 인지하고, 신체를 발달시키며 올바른 인성까지 기를 수 있다. 아이는 놀이를 통해 성장하며 세상을 배운다.

07 하루 10분이라도
제대로 놀아라

놀이는 우리의 뇌가 가장 좋아하는 배움의 방식이다.

· 다이앤 애커먼

"어린이들. 이제 잘 시간이야. 다 눕자."

"아빠랑 더 놀고 싶어요."

"그럼 아빠가 재미있는 이야기해 줄게."

격렬하게 놀고 난 후 정리하려고 하면 아이들은 항상 아쉬워했
다. 자기 전에 책을 읽어 주거나 불을 끄고 이야기를 들려주는 것
으로 마음을 달래 주었다. 불을 끄면 유준이는 가만히 눕지 못하
고 방을 돌아다녔다.

"유준아. 얼른 누워야지."

"응. 누웠어."

"누워또?"

"꺄하하하!"

갑자기 아이들의 웃음이 빵 터졌다. 아이들은 된소리 발음을 재미있어 하는데 '누워또'라는 말이 재미있었나 보다. 그래서 조금 유치하지만 더 다양한 소리를 냈다. "누웠뚱.", "누웠땅.", "누웠빵.", "누웠뿡."이라고 말하니 아이들은 자지러지게 웃어댔다.

아이들이 진심으로 재미있어서 내는 웃음소리는 나에게 힐링이 된다. 지친 하루의 피로를 씻겨 주는 비타민 같은 역할을 하는 것이다. 바쁜 직장인 아빠는 퇴근하고 아이와 10분이라도 함께 노는 것이 쉽지 않다. 몸도 피곤하고 쉬고 싶은 마음이 간절하기 때문이다. 그런데 하루 10분이라도 제대로 놀다 보면 아빠 자신도 재미있어지는 순간이 온다. 그래서 아이들과 놀았던 기억이 떠오르며 웃음이 절로 나오는 적이 많다. 즐거운 추억이 되면서 스트레스도 줄어드는 아빠의 하루 10분 놀이를 소개한다.

장난감 정리하기 놀이

집을 아무리 깨끗이 정리해도 아이들과 놀다 보면 금방 지저분해진다. 특히 굴러다니는 작은 블록을 밟기라도 하면 매우 고통스럽다. 어느 정도 놀고 마무리할 시간이 오면 정리하기 놀이를 할 수 있다. 누가 빨리 정리하는지 시합하는 것이다. 아이가 처음에는 관심이 없더라도 엄마와 아빠가 시합하는 모습을 보이면 호기심을 보일 것이다. 장난감을 상자에 빨리 넣기 시합을 하다 보면 큰 노력을 들이지 않아도 금방 집이 정리될 것이다. 마지막에는 항상 아이가 이겼다며 박수를 쳐 주는 것으로 마무리하면 된다.

⊠ 바닥 청소 놀이

이번에는 바닥을 청소하는 놀이다. 걸레를 가져와 청소를 하면 아이는 관심을 보인다. 바닥을 여기저기 걸레로 밀고 다니며 누가 더 많이 닦는지 시합하면 된다. 무조건 더럽다며 만지지 못하게 하는 것보다 아이에게 청소할 기회를 줘 보자. 아이는 노동이 아닌 새로운 놀이로 인식할 것이다. 마지막에는 덕분에 집이 깨끗해졌다며 박수와 응원을 아끼지 말자.

🏠 종이컵 돌리기 놀이

종이컵 세 개를 준비하고 그 속에 작은 지우개나 장난감을 하나 넣는다. 종이컵을 이리저리 돌리며 어디에 있는지 맞추는 놀이다. 빠르게 움직이는 손을 추적해서 맞혀야 하기 때문에 아이의 집중력 향상에도 좋다. 노름으로 인식해서 나쁘게 생각할 수도 있지만 그것은 어른의 시각이다. 아이 입장에서는 순수한 놀이일 뿐이다. 역할을 바꿔서 아이에게 돌려 보라 하고 아빠가 맞히며 재미있는 시간을 보낼 수 있다.

🎪 아빠의 서커스 놀이

"아빠의 서커스를 시작합니다. 빰빰빠~ 빰빰~ 빰빰~."

아빠가 서커스를 보여 주며 아이들을 웃겨주는 놀이다. 〈전국 노래자랑〉 도입 곡을 부르며 분위기를 달군다. 서커스라고 해서 대단한 것은 없다. 우선 양말을 공 모양으로 두 개 말아준다. 공 두 개를 이용해서 저글링을 보여 주면 아이들은 신기해한다. 저글링만 하기보다는 일부러 공을 놓치거나 꽈당 넘어지는 몸 개그를 보여 주면 아이들은 더 재미있어한다.

🎯 아빠따라하기놀이

아이들은 아빠의 말과 행동을 그대로 따라 하는 성향이 있다. 이 놀이는 마음껏 아빠를 따라 하도록 기회를 줄 수 있다. 처음에는 간단한 포즈를 취하는 것으로 시작해서 점점 난이도를 높인다. 닭싸움 자세, 옆으로 돌기, 배치기 자세 등 다양한 포즈를 취해 보자. 포즈뿐만 아니라 말을 따라 하게 하는 것도 좋다. "북치기, 박치기, 북치기, 박치기." 하며 랩을 따라 하게 하거나 알파벳을 빠르게 말하게 해 보자. 아이가 그대로 따라 하면 "성공!"이라고 말하며 다음 단계로 넘어간다. 아이는 아빠의 어려운 행동을 그대로 따라 했다는 성취감을 느끼며 즐거워할 것이다.

🏛 등목놀이

아이와 몸으로 놀다 보면 저절로 땀이 난다. 특히 목욕 후 땀이 나면 또 목욕하기 애매할 때가 있다. 이럴 때는 아빠와 등목을 하면 된다. 아이의 윗옷을 벗기고 바지가 젖을 수 있으니 수건으로 허리를 감싼다. 아이를 엎드리게 한 후 물을 살살 뿌려 주면 시원해할 것이다. 미지근한 물이라도 등목을 하고 나면 시원하고 상쾌해진다. 서로 등목을 해주며 유대감을 키울 수 있고, 좋은 추억이 될 것이다.

🧘 한곳에 오래 있을 때 하면 좋은 놀이

아이들은 가만히 있지 못한다. 짧은 시간이라도 뭔가를 해야 한다. 특히 공공장소에서 줄을 서거나 음식점에서 기다려야 할 경우 아이를 통제하기 힘들다. 그래서 한곳에서 아이가 지겹지 않고 재미있게 할 수 있는 놀이를 소개한다.

• 눈싸움 놀이: 말 그대로 눈을 깜빡이지 않고 오래 버티는 사람이 이기는 놀이다. 아이는 눈싸움하면서 자주 눈을 깜빡이는데 너무 규칙에 얽매이지 말고 아빠가 적당히 져 주면 된다.

• 어느 손이게요 놀이: 아이 등을 손가락으로 찌르고 어느 손가락인지 맞추는 놀이다. 아이와 교대로 하면서 서로 맞추다 보면 시간은 금방 갈 것이다.

• 보리 쌀 놀이: 어릴 적 많이 하던 놀이다. 양 손바닥을 포개고 상대방이 "쌀!" 하며 주먹을 넣으면 잡는 것이고, "보리." 하면 놓아 주는 놀이다. 상대방 소리를 듣고 잡을지 놓아 줄지 결정해야 하기

때문에 순발력을 기를 수 있다.

• **엄지 씨름 놀이:** 서로 손을 잡고 엄지를 상대방 엄지 위로 올리면 이기는 놀이다. 엄지의 힘과 속도를 요구하는 놀이다. 아빠가 쉽게 이길 수 있지만 적당히 피하다가 아이에게 잡혀 주자.

지금은 아이들과 노는 시간이 내 인생의 일부가 되었다. 즐겁게 노는 시간을 통해 아이들과 유대관계가 더 단단해졌기 때문이다. 놀이는 특별히 날을 잡고 하는 것이 아니다. 매일매일 밥을 먹듯 일상생활이 되어야 한다. 그러면 아이와 아빠 모두 즐거운 시간을 만들 수 있다. 아빠의 놀이는 선택이 아닌 필수다. 놀이에 대한 부담감을 버리고, 하루 10분이라도 제대로 놀아 보자.

오래 놀기보다
알차게 놀아라

현재의 위치에서 최선을 다하라.

· 시어도어 루스벨트

주말에 강연 일정이 있으면 가족들과 다 함께 갔다. 나름 '아빠 육아 전문가'라는 내가 주말에 가족을 그냥 둘 수는 없기 때문이다. 강연 전에 현장에 도착해서 식사를 하고, 아내와 아이들은 키즈 카페에 데려다주었다. 요즘 키즈 카페는 지역별로 잘 되어 있어서 아이들이 좋아했다. 아이들에게는 밖에서 뛰어노는 것이 더 좋지만 여건상 어쩔 수 없었다. 아내의 돌봄 속에 아이들이 신나게 놀고 있으면 나는 아빠 육아 강연을 하러 갔다.

요즘 아빠들은 육아에 관심이 많아서 육아 관련 강연도 많이 참여하는 추세다. 아빠들을 위로하고 각종 육아 팁과 놀이 방법을 알려 주다 보면 1시간은 금방 지나갔다. 마무리하고 서둘러 키즈 카페로 향하면 아이들이 "아빠!" 하며 달려왔다. 대부분 아빠를 반가워하는데 가끔은 시무룩할 때가 있었다. 어느 날은 서준이가 더 놀다 가겠다고 떼를 썼다. 부모가 보기에는 많이 논 것처럼 보이지만 아이는 덜 논 것이다.

"서준아. 이제 집에 가자."

"싫어. 더 놀고 싶어. 아앙!"

"그럼 집에 가서 아빠랑 더 놀자. 아빠가 진짜 재미있는 놀이 알려 줄게."

놀고 싶어 하는 아이를 놀이로 잘 꾀어내서 차에 태웠다. 하루 종일 키즈 카페에서 놀 것처럼 하던 아이들도 차에 태우면 바로 곯아떨어졌다. 집에 가는 차 안에서 아이 셋 모두 자고 있으면 아내와 대화할 수 있는 기회가 되기도 했다. 그리고 이 시간만큼은 동요 대신 라디오를 들을 수 있는 시간이었다. 집에 도착해서 아이들 목욕시키고 밥 먹이다 보면 시간이 금방 지나갔다.

"아빠. 아까 진짜 재미있는 놀이하기로 했잖아요."

"아, 맞다. 아빠가 그랬었지?"

서준이는 자신에게 유리한 것들은 잘 기억했다. 갑자기 무엇을 할지 막막했다. 웬만한 놀이는 다 해 봤기 때문이다. 거실에 서서 우물쭈물하고 있는데 서준이가 내 뒤로 와서 다리를 잡았다. "어? 서준이 어디 있지?" 하며 찾는 척을 하니 서준이가 키득키득 웃었다. 뒤로 돌면 아이는 다시 내 뒤에 숨고, 달려가는 척을 하면 옷을 잡고 쫓아왔다. "유준아. 형아 어디 있어?"라고 물으면 "아빠 뒤에 있잖아. 뒤에. 큭큭큭." 하며 재미있어 했다. 막내딸도 "꺄. 꺄." 하며 자꾸 따라와서 안아 주었다. 집 안을 돌아다니며 아이를 찾는 척을 하면 아빠 품에 안겨 있는 채윤이도 재미있어했다.

진짜 재미있는 놀이를 하기로 약속해서 처음에는 부담스러웠다. 하지만 아이의 행동을 살피고 반응해 주니 새로운 놀이가 탄생했다. 아이들은 새로운 놀이를 스스로 창조해 내기도 한다. 그러니 아이들과 노는 시간을 어려워하지 말고 자연스럽게 놀이가 흘러가도록 하면 된다.

"꺄르르. 꺄르르."

즐거워하는 아이의 웃음소리다. 아이들은 진짜 재미있을 때 이런 소리를 냈다. 이 소리를 듣기 위해 아이들과 노는지도 모르겠다. 아빠가 아이들과 잘 놀면 인성, 사회성, 도덕성, 감정 조절 능력 등이 다양하게 발달한다. 그러나 이러한 이유 이전에 "꺄르르." 하는 웃음소리를 더 듣고 싶었다. 이 웃음소리는 중독성이 강하다. 웃음소리를 한 번이라도 더 듣기 위해 아이들과 재미있게 놀았다.

이렇게 놀고 나면 더 놀자고 떼를 쓰지 않았다. 놀다가 중간에 막내딸 기저귀를 갈고 있으면 서준이, 유준이는 책을 보거나 서로 다른 놀이를 했다. 다음날 아이들이 '어디 갔지? 놀이'를 또 하고 싶어 해서 반복했다. 약간씩 놀이를 변형하면 지겹지 않게 잘 놀수 있다.

아이들은 배고프거나 졸릴 때는 컨디션이 좋지 않아 칭얼거렸다. 하지만 잘 먹고 잘 자서 컨디션이 좋으면 웃음소리가 더 커졌다. 놀이의 분위기가 점점 무르익으면 아빠의 작은 행동에도 아이들은 신나했다. "채윤이 잡으러 가자. 다다다다." 하며 쫓아가는 척을 하면 아이는 "꺄르르." 하며 도망갔다.

"아빠. 오늘은 미세먼지 있어? 없어?"

"아. 오늘 미세먼지 많다고 나오네. 놀이터 못 가겠다. 집에서 놀자."

주말이 되면 밖에 나가 뛰어놀게 하고 싶었다. 하지만 미세먼지가 없어질 줄 모르니 외출을 자제하게 되었다. 미세먼지 때문에 밖에 못 나가는 날이면 마음껏 놀지도 못하는 아이들이 안타까웠다. 어쩌다 미세먼지가 없는 날 아이들과 함께 잠깐 외출을 했다. 오랜만에 아빠와 함께하는 바깥 놀이라 아이들은 무척 신나했다. 내가 별다른 놀이를 안 해도 아이들끼리 깔깔거리며 잘 놀았다.

실외 놀이는 생각보다 아이에게 많은 영향을 미친다. 놀이를 통해 부정적 감정이 해소되기 때문이다. 게다가 경사, 장애물 등을 만났을 때 신체를 보호하기 위해 스스로 조절함으로써 사고 대처 능력을 기를 수 있다. 또한 여러 가지 외부 환경에 적응할 수 있다. 마음껏 에너지를 발산하며 제대로 놀 수 있는 것이다.

놀이는 아이들에게 '밥'이다. 몸의 건강과 성장을 위해 밥을 먹이지만 아이의 정신에도 밥을 줘야 한다. 그것이 바로 놀이다. 놀이는 에너지의 원천인 셈이다. 아이들뿐만 아니라 어른에게도 놀이는 반드시 필요하다. 놀이는 재충전의 시간이 되고 활력을 불어넣어 줄 수 있기 때문이다.

사람은 놀아야 살 수 있다. 잘 놀면서 자란 아이가 이 세상에 필요하다. 아이가 놀기만 하면 불안해하는 부모가 많다. 하지만 오히려 놀 줄 모르는 것을 불안해해야 한다. 잘 노는 아이가 점점 사라지고 있다. 동네 놀이터는 텅텅 비었고 아이들은 학원에 있다. 아이에게서 놀 수 있는 권리를 빼앗아서는 안 된다.

놀더라도 '제대로' 놀아야 한다. 10분을 놀더라도 제대로 놀면 아이는 잘 논 것처럼 느낀다. 하지만 하루 종일 놀아도 놀이의 질이 떨어지면 놀았다고 생각하지 않는다. 아이의 행동을 살피고 반응하다 보면 생각지도 못한 놀이가 탄생할 것이다. 아이 스스로 시도하고 실패하고 도전하고 성취감을 느낄 수 있도록 질 높은 놀이를 해 보자.

PART 4

♥년 ♥월 ♥일 ♥요일

아이를
성장시키는
아빠의 말 한마디

| 01 | # 아빠 육아는
엄마 육아와 다르다 |

진실한 말에는 꾸밈이 없고, 꾸미는 말에는 진실이 없다.

· 노자

아이들과 놀 때면 잠깐은 괜찮지만 체력적으로 항상 힘들었다. 체력을 쥐어짜며 놀다가 잠시 앉아서 할 수 있는 놀이를 하는 등 페이스를 조절했다. 강약 조절을 하며 놀아야 쉽게 지치지 않기 때문이다. 아이와 몸으로 놀다 보면 나도 모르게 승부욕이 발동할 때가 있다.

거실 한쪽에서 아이들을 향해 "용용용용." 하며 양손을 흔들면 서준이와 유준이는 나를 잡으러 뛰어왔다. 아이들이 "꺄하하!" 웃으며 달려오면 요리조리 피하며 도망갔다. 아이들이 어릴 때는 잘 피했는데 점점 커가면서 쫓아오는 속도가 빨라졌다. 어느 날은 아이들에게 잡힐 것 같았다. 그래서 왼쪽으로 갈 것처럼 하다가 오른쪽으로 피하며 속도를 냈다. 서준이는 아빠를 거의 잡았다고 생각하며 팔을 뻗었는데 갑자기 사라지니 그대로 넘어졌다.

"으앙!"

어김없이 울음이 터졌다. 아이들과 전력을 다해 놀다 보면 마지막에는 누군가 울음이 터졌다. 아이를 안아서 달래 주면 금방 울음을 멈췄다. 어느 정도 진정된 아이는 또 놀자며 거실 한쪽으로 가서 "용용용용." 하며 나를 자극했다. 다행히 이런 모습을 본 아내는 조심하라는 말 이외에 크게 잔소리는 하지 않았다.

"당신은 왜 항상 아이들을 울려?"

"왜 이렇게 어지르기만 해?"

만약 아내가 이렇게 말했다면 아이들과 놀고 싶은 의욕이 꺾였을 것이다. 그 대신에 아빠의 자리를 만들어 주고 응원해 주는 말 덕분에 아이들과 더 재미있게 놀 수 있었다.

"아이들이 하루 종일 아빠만 기다렸어."

"애들이 아빠 오니까 신이 났네."

아이들은 남성성과 여성성 모두 경험해 봐야 한다. 엄마는 친화적인 존재라면 아빠는 경쟁적인 존재다. 아이와 놀다 보면 진심으로 하게 되고 승부욕이 발동한다. 아이가 운다고 꼭 나쁜 것만은 아니다. 우는 횟수가 많아서는 안 되겠지만 아이에게는 나름대로 남성성을 배울 수 있는 기회다.

아내는 아이를 울린다고 남편을 비난해서는 안 된다. 엄마의 친화적인 면을 아빠에게 강요하는 것만이 정답은 아니다. 그것은 아이 입장에서 엄마 두 명과 사는 것과 마찬가지기 때문이다. 그래서 아빠의 육아는 아내의 협조가 무엇보다 중요하다.

아이들은 음식을 먹을 때 잘 흘렸다. 서준이는 점점 커가면서 스스로 조심해서 괜찮았다. 그러나 유준이와 채윤이는 아직 어려서 그런지 먹은 흔적을 집 여기저기에 남겼다. 우유나 음료수를 먹고 흘릴 때는 물티슈로 닦아도 끈적거림이 남아 있을 때가 많았다. 아내는 깔끔한 성격이라 바닥이 끈적거리는 것을 무척 싫어했다.

"흘리지 말고 조심해서 먹어."

"엄마는 바닥 끈적거리는 것 너무 싫어."

아내는 엄마가 싫어하는 행동은 하지 말라는 감성적인 말을 주로 했다. 규칙을 위반했다는 것이 아니라 엄마가 싫어하는 행동을 하지 말라는 것이다. 반면에 아빠의 말은 이와 다르다.

"바닥에 흘리면 벌레가 생길 수도 있어."

"흘린 것 청소하다 보면 놀 시간이 줄어들잖아."

"한곳에 앉아서 먹기로 했지?"

나는 주로 피해 결과에 대해 말하는 편이었다. 이처럼 아빠는 주로 이성적으로 설명한다. 논리적으로 왜 하면 안 되는지를 전달하는 것이다. 심정을 내세우는 엄마의 감성적인 대화와는 다르다. 이런저런 피해가 생기니 정해진 규칙을 따르라고 설명해 주는 것이다.

이러한 아빠의 양육 태도는 아이가 논리적인 사고를 기를 수 있게 도와준다. 학습적인 면에서도 도움을 줄 수 있다. 아이가 놀다 가 다치면 엄마는 아픈 것에 집중하며 공감한다. "얼마나 아팠어. 아이고." 하며 공감을 잘한다. 하지만 아빠는 공감보다 전체적인 상황을 객관적으로 판단한다. 아이가 실수를 해서 다친 것이라면 반복되지 않도록 아이에게 말해 준다. 아빠가 공감능력을 기르는 것도 중요하지만 이미 가지고 있는 논리적인 능력을 활용하는 것도 중요하다. 이러한 아빠를 통해 아이의 이성적인 좌뇌를 발달시킬 수 있는 것이다.

아빠와 엄마가 아이에게 줄 수 있는 동기부여도 다르다. 아빠와 함께 많은 시간을 보낸 아이는 '잘하고 싶다'는 동기부여가 생긴다. 축구, 달리기, 미술 등 자신이 하고 싶은 일에 대해 더 잘하고 싶은 욕구가 생기는 것이다. 반면에 엄마와 많은 시간을 보낸 아이는 엄마가 싫어하는 행동을 하지 않는 것에 더 집중한다. 정리하기, 씻기, 공부 등 해야 할 일의 비중이 더 큰 것이다. 어떤 것이 더 좋다고 말할 수 없다. 두 역할의 균형이 중요하다.

아빠는 절대로 엄마처럼 아이와 못 놀아 준다. 반대로 엄마도 아빠처럼 놀아 주지 못한다. 서로 고유 영역이 있다. 아빠와 엄마 모두 서로의 자리를 만들어 주고 배려해 줘야 하는 것이다. 아빠의 조금 거칠고 투박한 방식이 아이에게는 내구력을 키울 수 있는 기회가 되기도 한다.

아이는 아빠에게 받은 인정과 격려를 더 크게 느낀다. 아이가 느끼는 아빠는 큰 산 같은 존재이기 때문이다. 아빠는 무엇이든 다 알고 있고, 다 할 수 있는 사람으로 여긴다. 자신과 많은 놀이를 함께하며 즐거움을 주는 존재다. 아빠는 세상에서 힘이 가장 강하다고 생각한다. 이렇게 엄청난 아빠에게 인정받고 격려를 받는다면 아이에게는 축복이나 다름없다. 아빠의 격려는 상상 이상이다. 그러니 아빠는 육아에 '참여'한다는 생각을 버려야 한다. 엄마와 동등한 입장에서 육아를 '함께한다'는 주인의식을 가지자.

02

아빠의 말 한마디면 충분하다

말 한마디가 세계를 지배한다.

· 쿠크

막내딸이 10개월 됐을 무렵, 며칠간 열이 내리지 않았다. 동네 소아과에 가서 약을 받아와 먹여도 열이 떨어지지 않았다. 소아과 의사는 이 약을 먹고도 열이 안 떨어지면 응급실에 가보라고 했다. 그 조그마한 아이가 아파서 힘없이 늘어져 있는 모습을 보니 가슴이 찢어졌다. 이럴 때면 '평소에 잘 놀면서 사고 칠 때가 차라리 좋다'라는 생각이 들었다.

계속 열이 내리지 않자 회사에 오후 반차를 내고 아내와 응급실에 가기로 했다. 첫째 아이는 유치원이 일찍 끝나 따로 맡길 곳이 없었다. 그래서 같이 병원에 가기로 결정했다. 둘째 아이는 어린이집에 조금 늦게 찾으러 간다고 이야기를 해놓았다.

소아 응급실에 도착하니 아이들이 좋아하는 만화 캐릭터로 꾸며져 있었다. 소아과 의사를 만나 아이의 상태를 이야기했다. 담당 의사는 무척 피곤해 보였다. 걱정 가득한 나와 아내와는 달리 매우 건조하고 사무적인 설명을 이어 나갔다. 아마 그 의사는 우리 가족 이외 수많은 아이를 보며 그렇게 변해 갔으리라 생각했다. 의사는 피검사, 엑스레이, 소변검사를 해서 이상 여부를 체크해 보겠다고 했다.

간호사의 안내에 따라 한쪽 침대에 아이를 눕혔다. 피검사를 해야 하는데 아이가 너무 어려 팔에 바늘을 꽂을 수 없다고 했다. 그래서 발에 바늘을 꽂아야 한다는 것이다. 그 작은 아이의 발에 바늘을 꽂을 때는 마치 내 심장을 후비는 것처럼 아팠다. 아이는 울음을 터트리더니 이내 안정을 찾았다.

서준이는 가만히 있지 못하고 계속 응급실을 누비며 장난을 쳤다. 안 되겠다 싶어 지하 편의점으로 향했다. 나와 아내가 먹을 물과 서준이 장난감 하나를 샀다. 서준이는 무엇이 그리 신났는지 싱글벙글하며 좋아했다. 응급실로 돌아와 침대 한쪽에 앉혀 놓으니 조용히 장난감을 가지고 놀았다.

옆 침대에는 화상을 입고 우는 아이가 있었다. 초등학교 저학년 정도로 보였다. 응급실에서 우는 아이는 차라리 다행이라는 이야기를 들었다. 울지 않는 아이는 심하게 다친 것이다. 자신이 죽을 수도 있다는 공포감에 감히 울지조차 못한다는 것이다.

엄마는 아이를 붙잡고 흐느꼈다. 그 옆에는 동생으로 보이는 아이가 형을 바라보고 있었다. 이야기를 들어보니 장난을 치다 냄비를 건드려서 뜨거운 물이 옆구리 쪽으로 쏟아진 것이다. 아이의 옆구리와 엉덩이 사이가 두 손바닥을 모은 정도의 크기로 빨개져 있었다. 피부라기보다 고깃덩어리가 뭉개져 있는 것 같았다. 한눈에 보기에도 처참해 보였다. 그 아이는 평생 상처를 보며 어릴 적 기억을 떠올려야 할 것이다. 간호사는 화상 부위에 응급처치를 하고 엄마에게 간략하게 설명했다.

얼마 뒤 그 아이의 아빠가 오더니 "집에서 애 똑바로 안 보고 뭐 했어?"라며 아내에게 화를 냈다. 하지만 곧 아내와 아이를 위로했다. "그래도 이 정도면 천만다행이야. 얼굴에 엎었으면 더 큰일 날 뻔했지 뭐야."

화상을 입은 아이는 아빠를 보니 이내 안정되는 눈치였다. 아이의 아빠가 와서 위로해 주는 모습을 보니 왠지 모르게 나까지 안심이 되었다. 항상 아이들 안전에 신경 써야겠다는 생각을 다시 한 번 하게 되었다. 마음 한편으로는 우리 아이가 아니라서 다행이라는 이기적인 생각도 들었다. 세상의 모든 아이는 우리 아이인데 이런 이기적인 생각이 드는 나 자신이 못나 보였다.

채윤이 소변검사를 위해 기저귀 안에 비닐봉지를 넣었다. 소변을 보면 비닐 안에 오줌이 들어간다. 그런데 아무리 기다려도 소식이 없었다. 하염없이 기다리고만 있어야 했다. 수시로 아이 기저귀를 확인하며 소변을 간절히 기다렸다. 그러던 중 소아과 응급실 담당 의사가 교대를 했는지 다른 의사가 왔다. 아이 상태를 확인하고 조금 더 기다려 보라는 말과 함께 사라졌다. 의사가 간 지 얼마 지나지 않아 아이가 소변을 보았다. 세상에서 제일 반가운 소변이었다.

몇 분 후 소변검사 결과가 나왔다. 의사는 이상이 없으니 퇴원해도 좋다고 했다. 의사의 말을 들으니 안심이 되었다. 열이 내리지는 않았지만 의사의 말에 안도가 된 것이다. 밖은 이미 어두워졌고 둘째 아이가 아직 어린이집에 있어 서둘러 출발했다. 그날은 늦은 저녁을 맛있게 먹으며 가족의 소중함을 다시 한번 느꼈다. 며칠 뒤 채윤이의 열도 내려 안정을 되찾았다.

아이가 조금이라도 아프면 부모는 몸 고생, 마음고생을 많이 한다. 밤새 옆에서 끙끙대는 아이를 보면 잠을 못 자는 것은 기본이고 부모 자신이 아픈 것보다 몇 배로 더 마음이 아프다. 아이들이 크게 아픈 곳 없이 건강하게 자라는 것만으로도 고맙다. 이렇게 고마운 아이들에게 왜 자꾸 화를 내고 잔소리가 늘어나는지, 가슴 한편으로는 미안한 마음이 들었다.

가끔 응급실에서 화상을 입은 아이와 그의 아빠가 생각난다. 처음에는 화를 냈지만 위로하는 모습에 왜 나까지 안심이 되었을까? 아빠의 묵직한 존재감과 함께 나온 말 한마디가 아이와 엄마에게 위로와 안심이 되었을 것이다. 아빠는 엄마에 비해 아이를 잘 돌보거나 공감하는 것에 미숙하다. 아빠는 감성적인 것보다 이성적인 뇌가 더 발달해 있기 때문이다. 하지만 집안의 든든한 기둥 같은 존재다. 안절부절못하던 그 엄마와는 다르게 아빠는 빠르게 상황을 수습했다.

아이는 화상으로 인한 고통과 낯선 환경 때문에 심리적으로 많이 불안했을 것이다. 병원 특유의 소독약 냄새, 낯선 사람들, 처음 보는 장비들, 자신의 실수로 인한 죄책감, 화상의 고통, 엄마의 눈물 등 불안 요인이 많았다. 하지만 아빠의 등장과 위로로 인해 더 이상 상황이 악화되지 않고 마무리되리라는 확신이 들었을 것이다. 지금 당장은 문제가 생겼지만 앞으로 다시 일상으로 돌아갈 수 있다는 믿음을 주기 때문이다.

아빠의 말과 행동은 가정 내에서 큰 힘을 발휘한다. 특히 위급 상황이 되었을 때 그 힘은 더 커진다. 아이는 아빠의 위기 상황 대처능력, 침착함, 위로하는 모습을 보며 많은 것을 배울 수 있다. 이것은 아내의 지원이 필요하다. 남편이 하는 일마다 간섭하고 아내의 방식만을 고집한다면 아빠의 힘을 발휘할 수 없다. 아빠의 고유 방식을 존중하고 이해해 줄 때 아빠의 힘을 발휘할 수 있는 것이다. 아빠의 말 한마디가 아이에게 미치는 영향은 생각보다 크다. 사랑하는 아이의 밝고 건강한 미래를 원한다면 말하는 방법을 공부해 보자.

03

아빠에게 가장 필요한 것은 말공부다

남을 움직이려면 명령하지 마라.
스스로 생각하게 하라.

· 데일 카네기

한밤중에 잠을 자지 않는 아이를 안고 "제발 잠 좀 자자." 하며 창밖의 하늘을 보던 시절이 엊그제 같다. 아이가 잠들기만을 바라며 한참 동안 거실을 거닐었다. '이제는 잠들었겠지' 하며 아이의 얼굴을 보니 눈이 초롱초롱했을 때의 공포가 지금도 생생하다. 아이가 목을 가누고, 뒤집기에 성공하고, 기어 다니고, 아장아장 걸어 다니고, "엄마, 아빠." 하며 조금씩 말을 하는 순간순간이 감동이고 환희였다. 이제는 이 아이들이 없는 삶은 상상할 수도 없다. 각자 개성 강한 세 아이들이 태어난 것만으로도 감사한 일이다.

아이가 어릴 때는 '지금보다 더 크면 고생은 덜하겠지'라는 막연한 기대감이 있었다. 분명 아이가 성장하면서 편해지는 부분이 있다. 한밤중 잠 못 이루는 날은 사라지고, 더 이상 기저귀를 갈지 않아도 되고, 젖병을 닦지 않아도 된다. 그런데 또 다른 고생이 기다리고 있었다. 아이는 갑자기 생떼를 부리고, 마음대로 안 되면 짜증을 내기 시작했다. 여러 번 말해도 귓등으로도 안 들었다. 참는 것도 한두 번이지, 하루 종일 아이와 극한 상황에 놓이면 누구라도 폭발할 것이다.

대부분의 아빠는 좋은 아빠가 되고 싶어 한다. 그러나 무엇을 어떻게 시작해야 할지 방법을 모른다. 영어를 잘하려면 영어를 공부해야 하듯이 좋은 아빠가 되려면 아빠 육아를 공부해야 한다. 좋은 아빠가 되는 기본적인 방법은 아빠의 '말공부'에 달려 있다. 말은 누구나 한다. 인간은 태어나서 자연스럽게 말을 익히고 하게 된다. 그런데 '말공부'를 해야 한다고 하니 의아할 것이다. 아이는 어른과 전혀 다른 세상에 살고 있다. 어른과 대화하듯이 아이에게 말하면 안 된다. 따라서 자녀와 말하는 법을 공부해야 한다.

아침에 일어나서 저녁에 잠을 자기까지 아이와 말을 한다. 육아에서 '말'은 곧 시작이자 끝이다. 말이라는 것은 서로 주고받는 것이다. 그래서 '대화'라고 하고 더 정확하게 표현하면 '대화 나누기'다. 일방적인 말을 아이에게 주입하는 것은 대화가 아니다. 그런데 아이와의 대화는 쉽지 않다. 상황에 따라 어떻게 말해야 할지 전혀 모르는 부모들이 많다.

"넌 몰라도 돼."

"똑바로 못해? 이것 하나 제대로 못해?"

"그러다 앞으로 뭐가 되려고 그래?"

"다 널 위해서 하는 말이야."

아이와 말하는 법을 잘 몰라서 본의 아니게 상처를 주기도 한다. 그런 상처들이 모여 아이와의 관계가 악화되기도 한다. 아이를 사랑하는 마음은 어떤 부모든지 마찬가지다. 하지만 사랑이라는 이름으로 상처를 주고, 오랫동안 함께 있기 싫고, 보기도 싫은 부모가 되고 싶은가? 그렇지 않다면 부모의 말공부가 필요하다. 특히 아빠의 말공부는 엄마보다 더 절실하다. 아빠는 엄마보다 공감능력이 떨어지기 때문이다. 그렇다면 하루에도 수십 번 속이 터지고, 말을 해도 듣지 않는 아이에게 어떻게 말을 해야 할까?

첫째, 무조건 공감해 준다. 부모도 힘들지만 아이도 힘들다. 아이들은 호기심이 왕성해서 하고 싶은 것이 많다. 아이들은 처음 보는 물건이 있으면 만져보고 싶고, 집에서 뛰어다니고 싶고, 재미있게 놀고 싶다. 하고 싶은 일이 너무 많아서 힘들다. 그런데 하고 싶은 것보다 하지 말아야 하는 것들이 더 많아 몇 배는 더 힘들다.

집에 친척 아이가 놀러 온 적이 있다. 네 살 아이인데 집에 오자마자 장난감을 다 가지고 놓질 않았다. "다 내 거야." 하면서 떼를 썼다. 서준이는 양보만 하다가 제대로 놀지 못했다. 나중에는 장난감을 서로 갖겠다고 힘겨루기를 했다. 나는 서준이에게 장난감을 양보하길 강요했다. 서준이는 양보했지만 울먹이며 분해했다. 몇 시간 뒤 친척 아이는 엄마와 함께 돌아갔다. 분해하던 서준이는 아무렇지도 않은 듯 간식을 먹으며 평온을 되찾은 것 같았다.

"서준아. 아까 계속 양보만 하느라 속상했지?

"응. 흑흑."

"아빠가 네 마음 다 알아. 서준이가 얼마나 속상했는지 다 알고 있어."

"으앙. 흑흑."

서준이는 겉으로 아무렇지도 않아 보였다. 하지만 막상 이야기를 꺼내고 감정을 읽어 주니 대성통곡을 했다. 그렇게 아이를 안아 주고 울음이 그치기를 기다렸다. 그러니 신기하게 아이는 안정되고 다시 밝은 모습으로 잘 놀았다.

"속상했지? 네 마음 다 알고 있어."

아이의 힘든 마음을 어루만져 주는 마법 같은 말이다. 아이가 화를 내거나 짜증내는 상황에서 이 말은 분명히 아이의 정서를 안정시킬 수 있다.

둘째, 아이의 긍정적 마음을 말로 표현해 준다. 대부분 부모는 아이 행동의 결과만을 본다. 물건을 던지거나, 형제끼리 싸우거나, 장난감을 사달라고 떼를 쓰면 결과만을 나무란다. "왜 던졌어? 던지면 안 되는 거야. 왜 싸웠어? 사이좋게 놀아야지." 하면서 혼을 낸다. 그런데 이렇게 백번 말해도 효과가 없다. 다시 같은 상황은 반복되고 부모는 지쳐간다. 좋게 말을 해도 안 들으니 목소리가 커진다.

부모는 계속 하지 말라는 말만 하고, 아이는 하지 말라는 것만 골라 한다. 분명히 이런 말은 효과가 없다. 아이의 어떤 행동이라도 그 안에는 숨겨진 이유가 있다. 그 이유 중에서도 긍정적인 이유, 즉 욕구를 찾아서 말로 표현해야 한다.

아이들은 화가 나는 상황이 생기면 물건을 던지며 관심받기를 원했다. 처음에는 혼내고, 소리도 지르고, 좋게 타일러도 봤지만 크게 효과는 없었다. 그래서 접근 방법을 달리했다.

"속상한 일이 있었구나. 그래서 던졌구나. 그런데 아빠 다칠까 봐 다른 쪽으로 던졌네. 고마워."

아이도 몰랐던 아이 내면의 긍정적인 마음을 끄집어내는 것이다. 형제끼리 싸우면 이렇게 말했다.

"재미있게 놀고 싶었는데 그렇게 못 놀아서 싸웠구나. 동생 안 때리고 밀기만 했네. 크게 안 다쳐서 다행이다. 그런데 너희들이 싸우면 아빠 마음이 아픈데 어떻게 해야 될까?"

"동생 안 밀고 재미있게 놀 거예요."

강압적으로 "안 돼."라는 말은 당장은 눈에 보이는 효과가 있지만 오래 가지 못한다. 앞으로 싸우지 말라는 말보다 어떻게 하면 좋을지 아이에게 물어보는 것이 좋다. 아이들과 함께 규칙을 정하면 더 효과적이다.

아이들의 행동으로 욱하게 될 때가 한두 번이 아니다. 이때마다 내 안의 선과 악이 대립한다. '화를 내? 말아?', '좋게 말해? 말아?' 선택은 내가 하는 것이다. 아이들의 행동 속에 숨어 있는 긍정적인 마음을 찾기 위해 집중해 보자.

실제로 이렇게 말하는 것만으로도 아이들의 다투는 횟수가 많이 줄어들었다. 아이 입장에서는 잔뜩 혼날 줄 알았는데 그 안에서 잘했다는 부분이 있으니 더 칭찬받기 위해 착한 일을 했다. 아빠가 누워 있으면 베개를 가져다주고, 밥알을 남기지 않고 다 먹고, 장난감을 스스로 정리했다. 이때마다 긍정적인 마음을 더 부각하면서 칭찬해 주면 더 신이 나서 칭찬받을 일을 찾는다.

처음에는 도무지 어떤 긍정적인 마음을 말해야 할지 어려울 수도 있다. 마음을 내려놓고 집중해 보면 분명히 하나둘 찾아낼 수 있을 것이다. 아이에게 문제 행동이란 없다. 실수하고 미숙한 것이 아이다. 아이의 긍정적인 마음을 찾아서 부각시켜 주면 행동이 달라진다. 아이는 아빠가 찾아 준 긍정적인 마음으로 성장할 것이다.

04

아빠의 칭찬이
아이의 잠재력을 키운다

아이를 꾸짖을 때는 한 번만 따끔하게 꾸짖어야 한다.
언제나 잔소리하듯 계속 꾸짖어서는 안 된다.

· 《탈무드》 중에서

퇴근하고 집에 있으면 아이들은 서로 아빠를 독점하기 위해 쟁탈전을 벌였다. 내 발을 잡고 놓아 주질 않고, 뒤를 졸졸 쫓아 다녔다. 마치 열성팬을 끌고 다니는 스타가 된 기분이 살짝 들기도 했다. 씻고 있으면 네 살 유준이가 화장실 앞으로 와서 끊임없이 질문을 했다.

"아빠, 지금 뭐 해?"

"아빠 지금 세수하고 있어."

"왜 세수해?"

"얼굴이 더러우니까 세수하지."

"왜 얼굴이 더러워?"

"밖에 나갔다 오니까 더럽지."

"왜 밖에 나갔다 오면 더러워?"

"먼지가 많아서 더러워졌어."

"왜 먼지가 많아?"

한동안 '왜'라는 질문에 대답해 주다 보면 끝이 없었다. 그래서 아이의 호기심에 대한 칭찬으로 마무리했다.

"와. 유준이 궁금한 것들이 참 많네. 호기심이 아주 왕성한데. 멋지다."

"아빠. 얼른 나와. 빨리 나랑 놀자."

"잠깐만 기다려. 아빠 좀 씻고. 형이랑 놀고 있어."

"싫어. 지금 놀자."

"으아! 나는 악당이다. 기다리고 있어라!"

"꺄!"

비누를 칠한 얼굴로 악당 흉내를 내면 유준이는 도망갔다가 슬금슬금 다시 돌아왔다. 아이의 끊임없는 질문을 받으며 씻고 있으면 채윤이가 기어 와서 흐뭇하게 미소를 지었다. 어느 사이에 서준이는 장난감을 잔뜩 가져왔다. 아이들은 장난감을 하나씩 나눠 가지고 화장실 앞에서 놀았다. 내가 동물원의 동물이 된 듯한 느낌이었다. 아이들은 화장실 앞으로 소풍 나온 것처럼 아빠의 씻는 모습을 관람했다.

드디어 다 씻고 거실로 나가면 아이들은 아빠의 정신을 쏙 빼놨다.

"아빠, 이리 와."

"아빠한테는 '이리 오세요' 해야지."

"아빠, 이리 오세요."

"우리 유준이 말도 너무 예쁘게 잘하네."

내가 의도한 대로 아이가 잘 따라와 주면 그 즉시 칭찬했다. 칭찬을 나중에 하게 되면 무슨 이유로 칭찬을 받았는지 잘 모르기 때문이다. 아이의 행동 후 바로 칭찬하는 것이 더 효과적이다. 아이는 '내가 지금 칭찬받을 일을 했구나'라고 느끼게 된다.

아이를 따라 방으로 가니 장난감 음식을 나에게 건넸다. 그릇에 이것저것 담아놨는데 아빠를 위한 진수성찬인 것이다. 맛있게 먹는 시늉을 하고 있으면 서준이가 뒤로 와서 매달렸다. 배에 힘이 떨어져 뒤로 넘어가며 누웠다. '아, 잠깐만 누워 있자'라는 생각도 잠시였다. 채윤이는 아빠 배가 마치 자신의 의자인 양 와서 앉았다. 그리고 쿵쿵 뛰었다. 한바탕 소동을 마치고 양치할 시간이 다가왔다.

"우리 이제 장난감 정리할 시간이야. 누가 빨리 정리하나 시합하자. 시작!"

서준이는 자신이 1등을 할 거라며 신속히 장난감을 정리했다. 채윤이는 오빠를 따라서 장난감을 하나씩 집어서 통속에 넣었다. 유준이는 정리해 놓은 장난감을 다시 꺼냈다 넣었다 하며 장난을 쳤다.

"와, 장난감 정리 열심히 잘했네. 방이 너무 깨끗해졌어."

아이들을 한 명씩 안아 주며 칭찬해 주었다. 말로만 하는 칭찬보다 스킨십과 함께하는 칭찬은 몇 배의 효과가 있다. 머리를 쓰다듬어 주고 엉덩이를 토닥거리며 칭찬해 주면 아이는 충분한 만족감과 뿌듯함을 느낄 것이다.

칭찬할 때 또 한 가지 주의할 점은 너무 결과에만 집중하지 않는 것이다. 결과보다 과정에 대한 칭찬이 아이의 성취감에 더 긍정적인 역할을 하기 때문이다. 예를 들어 '머리가 좋다'라는 것보다 '노력하는 모습이 좋다'라고 말이다.

"여보. 여기 와서 방 좀 봐봐. 애들이 방 정리 너무 잘했어요."

"우와. 방이 엄청 깨끗해졌네. 정리 정돈 잘하는 멋진 어린이네."

칭찬은 한 번으로 끝날 것이 아니라 이왕이면 두 번 해주는 것이 더 좋다. 아빠가 바로 칭찬한 뒤 아내에게 이 사실을 알려 엄마가 한 번 더 칭찬하도록 하는 것이다. 아이는 무엇을 잘했는지 확실히 각인되어 다음에도 더 잘하려고 노력할 것이다. 칭찬을 반복하게 되면 이런 긍정적인 기억은 아이의 마음을 풍성하게 만드는 에너지가 되기 때문이다.

이와는 반대로 아이를 야단칠 때가 있다. 잘못된 행동을 했을 때는 분명히 훈육을 동반해야 한다. 그런데 훈육이 잔소리로 변질되는 경우가 있다. 아이들끼리 놀면 꼭 한 명은 울게 된다.

"조심하라고 그랬지?"

"왜 항상 그렇게 동생을 울리는 거야?"

"저번에도 하지 말라고 그랬지?"

아이가 우는 부정적 상황이 왔을 때는 한 번만 주의를 주면 된다. 같은 상황에 대해 여러 번 야단을 친다고 해서 아이가 더 잘하는 것이 아니다. 야단 횟수가 늘어날수록 본래 훈육의 의도에서 멀어지고 아이의 '반감'만 키우게 되기 때문이다. 아이는 자신을 미워해서 계속 야단을 친다고 생각한다. 단, 야단을 친 이후 같은 행동을 또 했다면 그 행동에 맞는 주의를 다시 줘야 한다.

야단은 한 번만, 칭찬은 두 번 이상이 좋다. 평소 칭찬받는 아이일수록 자존감이 높다. 자존감이 높은 아이일수록 외부 스트레스에 강하다. 또한 칭찬받고 싶고 본인이 잘할 수 있는 것들을 계속 찾게 된다. 이러한 강한 자존감과 칭찬받고 싶은 욕구는 아이의 잠재력을 키워 줄 수 있다. 잠재력은 억지로 키워지는 것이 아니다. 부모의 사랑뿐만 아니라 칭찬의 기술이 필요하다.

아이의 숨소리, 행동, 눈빛 하나하나에 집중하고, 아이를 있는 그대로 받아들이며 인정하다 보면 작은 변화들이 생길 것이다. 아빠의 진심 어린 칭찬으로 긍정적이며 자신감 넘치는 아이를 만들 수 있을 것이다.

05

아침에 하는 말이
하루를 결정한다

우리가 사랑으로 할 수 있는 일은 위대한 일이 아니라 사소한 일이다.

· 테레사 수녀

"아빠! 얼른 일어나요. 아침이에요!"

어느 주말 아침, 잠을 자고 있는데 서준이와 유준이가 침대로 올라와 나를 흔들어 깨웠다. 채윤이도 침대로 올라와 "께. 께." 하며 내 배 위에 앉았다. 모처럼 쉬는 날이니 늦잠을 자고 싶었지만 그럴 상황이 아니었다. 침대에서 좀 더 버티고 있으려는데 이상한 냄새가 났다. 유준이가 기저귀에 볼일을 본 것이다. 하는 수 없이 자리에서 일어났다.

"우리 어린이들 잘 잤어?"

아이들을 한 명씩 안아 주었다. "아빠가 많이 많이 사랑해.", "어제보다 더 사랑해.", "자고 일어나니까 키가 더 커졌네." 하며 볼에 뽀뽀했다. 나는 아침에 일어나면 항상 아이들에게 사랑 표현을 한다.

유준이의 기저귀를 벗기고 엉덩이를 물로 씻긴 후 로션을 발라 주고 새 기저귀를 채웠다. 채윤이는 어디에선가 기저귀를 가져와서 "께. 께." 하며 내 앞에서 흔들었다. 자기도 갈아 달라는 뜻이다. 아이를 눕히고 보송보송한 기저귀로 갈아 주었다.

교체한 기저귀는 잘 묶어서 채윤이에게 주었다. 채윤이는 자기 기저귀를 휴지통에 버린 후 손뼉을 치며 뿌듯해했다. 가끔 내가 기저귀를 버리면 울면서 뛰어오곤 했다. 자신이 할 일을 아빠가 한 것이 무척 억울했던 것이다. 그래서 기저귀 버리는 일은 항상 채윤이 담당이었다.

"아빠. 오늘은 회사 안 가?"

"응. 오늘은 토요일이라서 회사 안 가. 너희들이랑 놀 거야."

"오예!"

서준이는 아침마다 아빠가 회사에 가는지 물어봤다. 달력을 가져와 요일의 개념을 알려 주었다. 아이는 아빠가 회사 안 가는 날은 주말, 회사 가는 날은 평일로 구분 지었다. 아이에게 오늘은 몇 시에 나가야 하니 그때까지 나갈 준비를 해야 한다고 했다. 갑자기 옷 입고 나가자고 하면 아이도 혼란스럽기 때문이다. 그날의 일정을 미리 알려 줘서 아이도 마음의 준비를 할 수 있어야 한다. 아이와 지도를 함께 보며 어느 지역을 가고 누구를 만날 것인지 이야기했다. 그러면 아이는 위치와 사람을 연계해서 기억했다. 몇 달 후 잊을 만할 때쯤 아이는 지도를 보며 어디서 누굴 만났고 무엇을 했는지 말하곤 했다.

평일 아침에는 내가 먼저 일어날 때도 있고, 아이들이 일어나 나를 깨울 때도 있다. 내가 먼저 일어난 날은 씻고 옷을 입으면 아이들이 거실로 나왔다.

"어린이들. 아빠 얼른 안아 줘."

"헤헤. 아빠!"

잠에 취한 아이들은 웃으며 나에게 안겼다. 아이들에게 뽀뽀하고 볼을 비비며 잔뜩 스킨십을 했다. 아이 다리를 주물러 주며 키가 커졌다고 하고, 몸을 스트레칭시켜 주었다. 자는 동안 굳어 있던 몸을 풀어 줄 수 있기 때문이다. 아침에는 무조건 아이가 사랑받고 있다는 느낌을 받을 수 있도록 노력했다.

아이들은 아빠와 주말에 재미있게 놀수록 월요일 아침에 더 아쉬워했다. 게다가 평일은 아이와 특별한 일정이 없었다. 그래도 아이가 무엇인가 기대할 수 있는 말을 해 주었다.

"오늘 저녁에 같이 산책 나갈까?"

"아빠 퇴근하면 무슨 놀이 하고 싶어?"

이런 말을 하면 아빠가 회사에 가서 아쉬운 아이들의 마음을 위로해 줄 수 있다. 그리고 오늘 하루도 재미있을 것 같다는 기대를 심어 줄 수 있다. 정 할 말이 없다면 그날 먹을 간식 이야기를 해도 된다. 아이가 너무 피곤해서 누워만 있으려고 할 수도 있다.

이럴 때는 "졸리면 오늘 저녁에는 일찍 자자." 하며 아이의 마음을 달래줄 수 있다. 반대로 아침부터 아이에게 강요하는 말은 추천하지 않는다.

"얼른 일어나서 준비해야지."

"빨리 일어나. 늦겠다."

내가 학교 다닐 때 아침마다 들은 말이다. 그런데 신기한 것은 이런 말을 들을수록 더 일어나기 싫어진다는 것이다. 그리고 일찍 잠에서 깨도 일어나라는 말을 들을 때까지 기다리기도 했다. 아침에 일어나지 않는 이유는 단순했다. 더 자고 싶은 것이었다. 조금 더 자고 나면 개운하고 상쾌하게 일어날 수 있을 것 같았다. 그래서 아침에 아이들이 계속 자고 있으면 이렇게 말했다.

"너무 졸리는구나. 일어나고 싶은데 눈이 안 떠져. 아이고."

"조금만 더 자. 5분 더 잘 수 있어."

"자. 시간 됐네. 이제 아빠 꼭 안아 줄 사람?"

이 정도 하면 아이들은 일어나서 내게 안긴다. "일어나. 빨리 안 일어나?" 이런 말은 10번 이상 해 봐야 서로 짜증만 날 뿐이다. 아이는 귀를 막고 더 자려고만 할 것이다. 하지만 아이의 마음을 읽어 주면 기분 좋은 하루를 시작할 수 있을 것이다.

아침에 TV는 멀리한다. 나 또한 TV를 잘 보지 않는다. 혼자 살 때도 아침이든 저녁이든 TV는 잘 안 봤다. 수동적으로 멍하니 바라보고 있는 것이 싫었기 때문이다. 아내는 드라마는 꼭 챙겨 봤었다. 하지만 출산 후 TV를 몇 번 안 보니 더 이상 드라마나 예능 프로그램이 궁금하지 않다고 했다.

아이가 한 명일 때는 아침에 준비하는 것 때문에 TV를 틀어 주었다. 그런데 아이는 TV에만 정신이 팔려 있었다. TV를 끄면 더 보고 싶다며 실랑이가 벌어지곤 했다. 사실 이것은 모두 내 탓이었다. 아이를 얌전히 앉혀놓고 준비하기 위한 꼼수였던 것이었다. 바쁜 아침, 시간에 쫓기지 않으려면 TV를 꺼야 한다. 아이들 스스로 준비할 수 있도록 시간을 줘야 하는 것이다.

아침의 기분과 정서는 하루 동안 많은 영향을 끼친다. 사랑을 표현하고 기대를 안겨 주며 시작한 아침은 여유롭고 상쾌하다. 아이는 아침마다 부모에게 사랑받고 있다는 확신을 가질 수 있다. 사랑이 충만한 상태에서 하루를 보내면 스트레스를 받아도 잘 극복할 수 있다. 아침마다 아이와 실랑이하지 말고, 사랑과 마음을 읽어 주는 말로 기분 좋게 시작하자.

06

상황에 따른 아빠의 대화법

자녀가 당신에게 요구하는 건 대부분 자기들을 있는 그대로 사랑해달라는 것이지,
온 시간을 다 바쳐서 자기들의 잘잘못을 가려달라는 게 아니다.

• 빌 에어즈

아이와 대화를 나누는 것의 중요성은 누구나 잘 알고 있다. 하지만 어떻게 대화를 나눠야 하는지는 모르는 경우가 더 많다. 무의식중에 어릴 적 아버지의 모습을 따라 하고 있지는 않은가? 우리 아버지 세대에도 좋은 분이 많았지만 그때의 방식은 현대에서 통하지 않는다. 그래서 아이와 대화하는 법을 공부해야 한다.

아이의 행동에는 다 이유가 있다. 시원하게 물이 쏟아지는 폭포도 그 이전에는 작은 물줄기였다. 그 물줄기들이 모여 강을 이루고 절벽을 만나 떨어지는 것이다. 아이의 행동이 폭포라면 작은 물줄기들, 즉 원인을 알아야 한다. 원인을 알아야 대처법을 알 수 있다. 각 상황에 맞는 구체적인 대화법을 알아보자.

♥ 웃고 있을 때

"뭐가 그렇게 재미있어?"

"아빠, 이거 봐봐요."

"아. 진짜 웃기다. 하하. 진짜 재미있는데."

아이는 아빠가 자신과 같이 재미있어한다면 내 편인 느낌을 강하게 받을 것이다. "뭐가 웃기냐? 하나도 안 웃기네. 장난감 정리나 빨리 안 할래?"라고 한다면 어떨까? 바람직한 아빠의 태도가 아니다. 아이는 자신의 감정을 마음껏 발산해야 한다. 그런데 옆에서 찬물을 끼얹으면 감정을 억제당하게 된다. 이런 경험이 반복된다면 아빠와 즐거운 것을 공유하려 들지 않을 것이다. 아빠와 대화하는 것에 흥미가 떨어지기 때문이다. 아이의 즐거움을 함께 느낄 수 있도록 노력해 보자.

♥ 자신감이 넘칠 때

"아빠. 이것 봐봐요. 저 키 이만큼 컸어요."

"우와. 키 많이 컸네. 지난번에는 아빠 배꼽에 있었는데. 지금은 배꼽 위에 있어."

"키 엄청 컸지요? 밥 골고루 먹어서 키 컸어요."

"오오. 골고루 잘 먹었구나. 역시 멋진데. 아빠보다 더 키 크겠다. 아빠가 나중에는 올려다봐야겠는데."

"밥 잘 먹어서 힘도 세졌어요."

"와. 힘도 엄청 세졌네. 아빠를 업고 다닐 수도 있겠다."

"히히. 엄청 힘 세지고 키도 클 거예요."

아이의 자신감 표현을 격려해 주고 앞으로 더 좋은 결과가 있을 것이라고 암시해 준다. 비록 키가 지난번과 비슷하더라도 사실 그 대로 말할 필요는 없다. 키가 컸다고 하면서 계속 응원해 주면 되는 것이다.

"키가 크긴 뭘 커. 하나도 안 컸네. 매일 밥을 먹다 말고 그러니깐 안 크지. 친구들은 다 잘 먹어서 크는데 너만 안 크잖아."

이런 말을 하면 아이의 자신감만 꺾는다. 간혹 아이가 우쭐해할까 봐 겸손함을 가르치려는 부모가 있다. 아이에게 '자만심'이란 것은 존재하지 않는다. 자만심은 어른에게만 있는 것이다. 무한한 능력을 가진 아이에게 자신감이라는 에너지를 불어넣어 주자. 지금은 한창 세상에 대해 호기심을 갖고 도전할 때다.

♥ 울고 있을 때

"양서준! 동생 밀면 어떻게 해? 동생이 바닥에 쿵 했잖아!"

아내가 서준이에게 소리를 질렀다. 서준이는 방에 들어가 혼자 울고 있었다.

"서준아. 무슨 일이야? 왜 울고 있어?"

"내가 먼저 장난감 가지고 있었는데 유준이가 뺏어가서 가져온 건데. 엄마가 나만 혼내."

"아. 그래서 울었구나. 많이 속상했겠다."

"응. 많이 속상해. 흑흑."

"서준이는 장난감으로 재미있게 놀고 싶었는데 그랬네."

"응. 흑흑."

"아빠도 어릴 때 할아버지, 할머니한테 많이 혼났어. 그래서 서준이처럼 이렇게 엄청 울었어."

"진짜?"

"응. 그럼. 어릴 때는 잘못해서 다 그렇게 혼나."

"그래도 속상해. 엄마는 나만 미워해."

"엄마는 서준이가 미워서 그런 게 아니라 동생 밀친 것만 혼을 내신 거야."

"그래도 엄마 미워."

"아빠랑 놀면 괜찮아질 거야. 우리 무슨 놀이 할까?"

아이는 엄마가 자신을 미워해서 혼을 냈다고 생각했다. 아빠는 아이가 잘못 생각하는 것에 초점을 맞추는 대신 현재 감정에 초점을 맞추고 공감해 줘야 한다. 시간이 지나면 미운 감정에서 벗어날 것이라고 말해 주며 감정 치유 도우미 역할을 해야 한다. 아이는 아빠와 즐겁게 놀다 보면 금방 기분이 전환될 것이다.

"뭘 잘했다고 울어? 얼른 엄마한테 가서 '잘못했어요' 해야지. 바보같이 왜 울어?"

"그만 울어! 듣기 싫어. 빨리 뚝 안 해? 그만 좀 징징대! 계속 울면 너 혼나!"

이런 식의 비난은 아이에게 상처를 줄 뿐이다. 아이는 몸뿐만 아니라 정신도 아직 미숙한 상태다. 아이가 어른과 같은 행동을 하길 바라는 것은 무리한 요구다. 아이가 슬픈 감정을 느끼고 우는 것은 당연한 행동이다. 자연스러운 감정 표현을 억압한다면 부정적인 감정이 내부에 계속 쌓여 나중에 크게 폭발할 수도 있다.

퇴근하고 집에 들어서면 아내와 아이들의 공기가 심상치 않을 때가 있다. 엄마와 아이가 서로 냉전 상태에 돌입한 것이다. 하지만 아빠의 작은 노력으로 완화될 수 있다. 아이의 말에 공감할 때 스킨십도 하면 더 효과적이다. 머리를 쓰다듬거나 안아 주면 아이 마음을 더 잘 보듬어 줄 수 있을 것이다.

♥ 화를 낼 때

"으으으! 양채윤!"

서준이가 갑자기 막내에게 소리를 질렀다. 알고 보니 나와 함께 만든 레고 소방차를 막내 아이가 부숴버린 것이다.

"서준이가 화 많이 났네. 서준이가 열심히 노력해서 만든 건데. 그치?"

"에이! 싫어! 화났어!"

"아빠가 서준이 마음 다 알고 있어. 동생들이 서준이 장난감 다 부수고 얼마나 속상하겠니. 아빠가 다 알아."

"그래도 화났어! 싫다고!"

"그럼 우리 숨쉬기 10번만 해 보자. 숨을 크게 들이마시고, '후' 하고 내쉬고. 한번 해 봐."

"흠~ 후~ 흠~ 후~."

"채윤이가 아직 아기라서 잘 몰라서 그런가 보다."

"흑흑…."

"저쪽 방에 가서 아빠랑 더 멋지게 만들어 보자. 숨쉬기 계속하면서. 알았지?"

아이에게는 굳이 화를 안 내도 해결할 수 있다는 것을 알려 줘야 한다. 10번 숨쉬기를 하다 보면 일시적인 화는 가라앉는다.

"어허. 어디 아빠한테 소리를 질러? 어른한테 짜증내는 거 아니야."

이런 말은 불에 기름을 붓는 격이다. 감정 자체를 무시하는 말이기 때문이다. 대신에 아이가 화난 원인을 알아내고 그에 대처하는 방법을 알려 줘야 한다. 많은 부모들은 아이의 겉으로 드러난 부분만을 지적한다. 아이의 짜증, 화, 울음 등 행동의 이면에는 다 원인이 있다. 아이의 감정을 강제로 억제하기보다 스스로 화를 풀 수 있는 방법을 알려 줘야 한다. 이런 훈련이 반복될수록 아이의 감정 조절 능력이 향상될 것이다.

07

아이에게 똑똑하게 화내는 법

아이가 어릴 때 엄하게 가르쳐야 하나,
아이가 무서워하게 해서는 안 된다.

· 《탈무드》 중에서

원고를 다 쓰고 난 뒤에는 수정을 하기 위해 종이로 출력을 했다. 모니터로 보는 것보다 종이로 보는 게 수정해야 할 부분이 더 잘 보였기 때문이다. 어느 날은 원고를 출력해서 책상 위에 올려놓았다. 퇴근 후 책상을 보니 누가 원고에 낙서를 해 놨다. 동그라미를 여러 번 그려서 내용을 잘 알아볼 수가 없었다. 게다가 나의 첫 번째 육아 책인 《아빠 육아 공부》에도 볼펜으로 그림을 그려 놓았다. 나를 소개한 잡지에는 스티커를 붙이고 낙서를 해놨다. 분명 두 아들 녀석 중 한 명이 틀림없었다. 누적된 피로감과 함께 갑자기 화가 났다.

"누가 아빠 책상 건드렸어? 누구야? 누가 다 낙서해 놓은 거야?"

"서준이요."

서준이는 아무렇지도 않은 듯 해맑은 얼굴로 말했다.

"아빠 책상 건들지 말라고 했지? 이게 뭐야? 다 낙서해 놓고?"

분위기가 심상치 않음을 눈치 챈 서준이는 울먹거리기 시작했다. 울먹이는 아이를 보니 마음이 약해졌다. "다음에는 스케치북에 그림 그려 줘. 알았지?"라고 말하며 아이를 안고 달랬다. 마음속으로 '다시 출력해서 보면 되지'라고 계속 되뇌었다. 아내한테 이르듯이 서준이가 사고 친 내용을 말했다.

"당신이 잘못했네. 책상 위에 올려놓으면 뻔히 애들이 만질 텐데 거기다 왜 올려놔?"

아내는 오히려 아이 편을 들었다. 비슷한 상황에서 난 아내 편을 들어 주었는데 배신감이 느껴졌다. 한편으로는 환경 세팅의 중요성을 느낄 수 있었다. 아이에게 하지 말라고 하기 전에 원인을 아예 차단시키는 것이 중요한 것이다. 사고 치는 것을 사전에 예방할 수 있기 때문이다. 그 이후로 중요한 물건은 아이 손에 닿지 않는 곳에 보관했다. 아이가 만져서 다칠 것 같은 유리잔은 아예 꺼내지도 않았다. 부딪쳐서 다칠 것 같은 가구에는 보호대를 붙여 놨다. 아이에게 화가 나는 원인을 사전에 최대한 없애는 것이 중요하다.

주말에 가족들과 시간을 보내다 보면 아내가 아이들을 대하는 태도가 못마땅할 때가 있었다. 아내는 아이들이 조금만 실수해도 민감하게 반응했기 때문이다.

"애들한테 왜 그래. 놀다 보면 그럴 수도 있지. 그러지 말고 밖에 나갔다 와."

아내는 세 아이를 키우느라 스트레스를 많이 받았다. 얼마나 힘들지 이해되었다. 그러나 아내의 불안한 상태가 아이들에게도 좋지 않은 영향을 끼칠까 봐 염려스러웠다. 아내는 결국 오랜만에 찜질방에 다녀오기로 했다. 나 혼자 세 아이를 보는 동안 많은 일들이 일어났다. 처음에는 아이들과 놀고 웃으면서 즐겁게 시간을 보냈다.

시간이 점차 지나자 아이들끼리 서로 장난감으로 다투고, 놀다 다치기도 했다. TV를 잡고 서 있다가 뒤로 넘어질 뻔한 위기도 있었고 정리해 놓은 장난감 통을 다 뒤집어 놓기도 했다. 뒤에서 달려와 안으며 무릎으로 허리를 찍기도 하고, 목을 조이며 매달렸다. 뒤로 넘어가 누우면 내 위로 올라와 팔꿈치로 배를 눌렀다. 앉아 있으면 아이들은 항상 내 종아리를 밟고 지나갔다. 주의를 줘도 서준이와 유준이 두 녀석은 항상 친근함의 표시인지 계속 밟았다.

"악! 아파. 아빠 좀 밟지 말라고 했지?"

결국 소리를 쳤다. 몇 시간 동안 짧고 밀도 있게 쌓인 스트레스가 단번에 표출된 것이다. 아내보다 더 큰 소리를 지르며 아이를 야단쳤다. 그러다 이내 제정신으로 돌아와 아이에게 주의를 주고 안아 주었다.

"아빠 아프니까 밟는 대신 돌아서 지나가 줘."

"아빠. 이렇게? 이렇게?"

아들 녀석들은 돌아서 지나가는 연출을 계속하며 물어봤다. "그렇지. 그렇지." 하며 맞장구를 쳤다. 아이들에게 하지 말라는 말보다 대안을 말해 주면 더 잘 이해한다. "안 돼."라는 말 대신 "이렇게 해 줘."라고 구체적인 행동을 알려 주는 것이 더 효과적이다.

찜질방에서 돌아온 아내는 표정이 밝아져 있었다. 아이들은 엄마를 반갑게 맞아 주었다.

"왜 이렇게 일찍 왔어? 더 있다 오지."

"더 있고 싶었는데 애들이 걱정돼서 조금만 하고 왔어."

말은 천천히 오라고 했으나 생각보다 일찍 온 아내가 내심 반가웠다. 육아 시간이 길어지면서 스트레스를 받게 되니 아내가 더 이해되었다. 아이들에게 왜 그렇게 민감하게 반응하냐며 핀잔을 준 것이 미안해졌다. 육아를 직접 경험해 보니 아내는 아주 잘하고 있었던 것이다.

육아 시간이 길어지면 아이들에게 잔소리를 하기 쉽다. 서서히 쌓인 스트레스와 육체적인 피곤함 등 여러 가지 원인으로 평정심을 유지하기 어렵기 때문이다. 잔소리를 하다 아이가 말을 안 들으면 결국 화로 분출되기도 한다. 아이에게 화를 내더라도 똑똑하게 내야 한다.

아이의 안전과 직결되는 문제라면 규칙을 분명히 알려 줘야 한다. 규칙은 하지 말아야 할 것만 나열할 것이 아니라 대안도 포함시켜야 한다. 앞서 말했듯이 "안 돼."라는 말보다 "이렇게 해 줘."라고 다음 행동을 구체적으로 알려 주는 것이 중요하다. 그리고 규칙은 항상 일관성이 있어야 한다. 어제는 되고 오늘은 안 된다고 한다면 아이는 혼란스러워진다.

가장 중요한 것은 내 아이니 내 말대로 모든 것을 해야 한다는 생각을 버려야 한다는 것이다. 우리나라 사람들은 대부분 다른 사람과 나를 구분하기보다 한 덩어리로 생각한다. 그래서 '우리'라고 하지 않던가? 가족관계에서는 이런 경향이 더 강하다. 하지만 아이와 나는 다른 사람임을 인정해야 한다. 아이도 생각이 있는 독립적인 인격체로 존중해 줘야 하는 것이다. 화가 날 상황을 사전에 차단하고, 규칙을 구체적으로 알려 주며, 인격체로 존중하다 보면 화낼 일도 서서히 줄어들 것이다.

08

아빠의 이해와 공감이
아이를 변화시킨다

자식을 기르는 부모야말로 미래를 돌보는 사람이라는 것을 가슴속 깊이 새겨야 한다.
자식들이 조금씩 나아짐으로써 인류와 이 세계의 미래는 조금씩 진보하기 때문이다.

· 임마누엘 칸트

"아빠는 왜 안경 썼어?"

"왜 안경 썼을까?"

"음… 몰라."

"서준이가 아빠 안경 썼을 때 어땠어?"

"음… 잘 안 보였어."

"그럼 아빠도 안경 쓰면 잘 안 보일까?"

"나는 아빠가 아니니까 모르겠어. 그런데 아빠는 잘 보일 것 같아."

"맞아. 아빠는 눈이 잘 안 보여서 안경 쓰는 거야. 안경이 아빠 눈이 되는 거지."

"나도 안경 쓰고 싶다."

"왜 안경 쓰고 싶어?"

"멋있잖아."

"서준이는 눈 좋으니까 안경 쓰고 싶으면 나중에 렌즈가 없는 걸 써도 돼."

"히히. 알았어."

나는 아이가 질문하면 바로 답해 주지 않았다. "왜 그럴까?" "네 생각은 어때?" 하면서 스스로 생각할 수 있는 시간을 주었다. 많은 부모들은 아이가 질문하면 구체적으로 답변해 줘야 한다고 생각한다. 하지만 바로 답변을 들은 아이는 금방 잊어버릴 것이다. 그리고 나중에 동일한 질문을 또 할 수 있다. 하지만 스스로 상상하고 생각해낸 결론은 쉽게 잊지 못한다.

아이들이 질문하는 이유는 호기심 때문이다. 아이가 생각하는 힘을 기르고 다양한 사물에 호기심을 가지게 하기 위해서는 부모의 말하는 법이 무엇보다 중요하다. 상세히 답변해 주려는 욕구를 잠시 내려놓고 아이에게 되물어 보자. 아이는 부모와 주고받는 질문 속에서 생각하는 힘이 쑥쑥 자라날 것이다.

여기서 주의사항은 너무 앞서가지 말라는 것이다. 많은 부모들은 아이에게 하나라도 더 가르치고 싶어 한다. 그래서 아이가 호기심을 보이기 전에 끼어들어 설명하려 한다. 하지만 부모의 이런 행동은 오히려 아이의 호기심을 해치는 것이다. 아이 스스로 관심을 보일 때까지 기다려주는 것도 부모의 역할이다.

저녁에 아이들 양치를 하고 잘 시간이 되었다. 아이들이 다들 자리에 누워 있어서 "잘 자."라고 하며 불을 껐다. 그런데 유준이가 갑자기 벌떡 일어나더니 급한 일이 있는 것처럼 내게 와서 말했다.

"아빠! 아빠!"

"응?"

"있잖아요. 음… 저기… 책만 보고… 음… 책만 보고 자려고 했는데… 아빠는… 음… 왜… 불 껐어요?"

"아. 오늘은 그냥 자려고 하는 줄 알았지. 불 켤 테니까 보고 싶은 책 골라 봐."

"같이… 아빠랑 같이 가서 고르고 싶어."

"그래. 아빠랑 같이 가서 책 골라 보자."

아이가 말할 때 신속 정확하게 말하면 좋겠지만 현실은 그렇지 않다. 천천히 빙빙 돌리거나 결론이 쉽게 나지 않는다. 같은 말을 반복해서 도대체 무슨 말을 하려는지 알 수 없을 때가 많다. 또 어느 때는 무슨 말을 할지 다 알고 있어 답답하기도 하다. 아이 말이 끝날 때까지 기다려 주기란 쉽지 않다.

아이는 아빠에게 말을 할 때 단지 자신의 생각을 전달하려는 것 이상이 있다. 내면에는 아빠에게 관심받고 싶고, 조금이라도 더 상호작용하고 싶은 것이다. 아이가 말로써 상호작용하고 싶은 뜻을 보였는데 아빠가 말을 중간에 자꾸 끊어버리면 어떻게 될까? 몇 번 시도하다가 더 이상 말하고 싶지 않을 것이다. 아이와 지속적으로 대화를 하고 싶다면 명심하자. 아이가 무슨 말을 할지 알고 있어도 인내심을 가지고 끝까지 들어 주자.

　인내심을 가지고 무사히 잘 들어 주었다면 반드시 호응을 해 줘야 한다. "우와. 잘했네.", "그랬구나.", "멋진데."라며 맞장구를 쳐야 한다. 끝까지 들어 주는 습관은 아이뿐만 아니라 대인관계에서도 아주 중요하다. 친구, 직장동료, 상사, 거래처 직원 등 사회생활에서 꼭 필요하다. 끝까지 듣지도 않고 말을 잘라 자신의 의견을 말하는 사람이 의외로 많다. 이런 사람과는 오래 말하고 싶지 않을 것이다. 참고로 아내의 말을 끝까지 들어 주는 것은 좋은 남편의 기본이기도 하다. 아빠가 끝까지 들어 주는 모습을 보고 자란 아이는 다른 사람의 말을 함부로 자르지 않을 것이다.

　주말에 서준이, 유준이와 함께 조조 영화를 봤다. 언제 커서 같이 극장을 가 보나 했는데 어느덧 영화도 같이 볼 수 있는 나이가 된 것이다. 단지 극장이 어두우니 두 녀석 다 무섭다고 하며 내 손을 꼭 잡았다. 그러다 유준이는 잠들고, 서준이는 계속 무섭다고 했다. 내 무릎에 서준이를 앉혀서 꼭 안고 봤다. 그렇게 영화가 끝나고 밖에서 기다리고 있던 아내와 채윤이를 만났다. 식사를 하고 나니 아내는 근처에서 살 물건이 있다고 했다. 아이들을 데리고 다 같이 가기 힘들어서 나뉘기로 했다. 특정 장소에서 아내를 만나기로 하고 서준, 유준이와 함께 주차장으로 향했다.

가는 길에 아이들은 미끄럼틀을 타는 카페에 가고 싶다고 했다. 지금은 시간이 없으니 얼른 가자고 했지만 둘 다 말을 듣지 않았다. 그럼 한 번만 타고 오라고 양보했다.

그런데 또 복병이 있었다. 휘황찬란한 조명과 음악을 겸비한 아이들을 위한 탈것이 있던 것이다. 동전을 넣으면 제자리에서 움직이는 자동차나 배였다. 아이들은 뒤도 안 돌아보고 그곳으로 향했다. 엄마한테 얼른 가자고 해도 아이들은 이미 정신이 팔려 있었다. "아빠 간다. 얼른 와." 하며 가는 시늉을 해도 쳐다보지도 않았다. 갑자기 화가 머리끝까지 났다. 그렇게 양보를 했음에도 말을 안 들으니 짜증이 났다. 덥고 피곤하고 여러 가지가 겹쳤다. 하는 수 없이 멀리 앉아서 아이들을 지켜봤다. 유준이는 실컷 놀다가 아빠가 보이지 않자 울면서 나를 찾았다. 아이들에게 다가가 말했다.

"아빠랑 같이 가는 거야. 혼자 가면 안 되는 거야. 미끄럼틀 타러 갈 거니까 약속 잘 지켜 줘."

아내에게는 전화를 걸어 이쪽으로 오라고 했다. 음료수를 마시며 아이들이 노는 모습을 지켜봤다. 세상에서 제일 행복한 표정으로 놀고 있었다. 아이들을 보며 화가 난 이유를 생각해 봤다. 이런 적이 한두 번이 아니었기 때문이다. "사랑해.", "고마워.", "좋아해.", "힘내." 등 좋은 말들이 많다. 그런데 왜 아이들에게는 "안 돼!"라는 부정적인 말을 더 많이 하게 되었을까?

여러 번 말했는데 듣지 않으니 내 말을 무시했다는 생각에 더 크게 화가 난 것이다. 그런데 아이들 입장에서 보면 부모를 무시하는 것이 아니다. 호기심과 함께 여러 방향으로 뻗어나가려는 아이 특유의 성향 때문에 그런 것이다. 아이는 원래 그런 존재다. 내 말을 잘 듣게 하려는 것은 아이의 본질을 무시하는 것임을 깨달았다.

규칙, 안전과 무관한 것이라면 아이의 욕구를 무시하지 말고 어느 정도 수용하는 태도도 필요하다. 물론 모든 것을 다 받아 주며 버릇없이 키우라는 것은 아니다. 단지 지금 아이에게 강요하는 것이 나의 '편안함'을 추구하기 위해서인지, 진짜 아이들을 위한 것인지 생각해 봐야 한다는 것이다.

아이를 억압하고 자주 혼을 내면 수치심이 생겨 자기 자신에 대한 회의를 느끼게 된다. 자신의 행동이 아닌 존재에 대한 부정적인 감정을 느끼게 되는 것이다. 반면에 부모에게 이해와 공감을 받고 자란 아이는 자신이 소중하고 가치 있는 존재라는 것을 알게 된다. 부모의 말 한마디가 아이에게 큰 영향을 끼치기 때문이다. 아이에게 어떻게 말하는가는 매우 중요하다. 그러니 말하는 법을 공부하자. 부모의 행동과 말은 아이에게 기적 같은 변화를 불러올 것이다.

PART 5 　♥년 ♥월 ♥일 ♥요일

아빠와의 애착이
아이의 인생을
결정한다

01 아이에게 최고의 선물은 아빠의 관심이다

아이는 부모에게 사랑받고 존중받고 있다는 느낌을 가질 때 마음을 연다.

· 스펜서 존슨

내가 다니는 회사에서는 주기적으로 봉사활동을 간다. 부서별로 정해진 아동센터가 있다. 매월 한 번씩 시간 되는 직원 두 명을 정해서 방문한다. 방과 후 초등학교 아이들 공부를 가르치거나 놀기도 하며 함께 시간을 보내는 것이다. 봉사활동 시간도 채워야 하고 급한 일이 끝나서 같은 부서 차장님과 함께 아동센터에 방문했다. 오랜만에 방문해서 그런지 몇 달 사이에 아이들이 많이 성장해 있었다. 아이들 중 몇 명은 나를 잘 따랐다. 나를 보자마자 달려와 안아달라고 하는 아이, 옆구리를 콕콕 찌르며 장난치는 아이 등 반가워하는 반응은 다양했다.

원장 선생님과 잠시 음료를 마시며 이야기를 나누었다. 선생님이 우리에게 바라는 가장 큰 것은 바로 아이들에게 관심과 사랑을 전해 달라는 것이었다. 결손 가정 어린이들이기 때문에 부모로부터 받는 사랑이 가장 부족했다. 부모님이 이혼하셨거나 일 때문에 아이들을 제대로 돌볼 수 없는 가정이 대부분이기 때문이다.

아이들을 보면 유형이 다양했다. 봉사활동을 온 우리에게 별 관심을 보이지 않거나, 친해지고 싶은데 쑥스러워 쭈뼛거리는 아이, 적극적으로 다가와 안기는 아이 등 가지각색이었다. 간단한 놀이를 제안해서 놀고 있으면 아이들이 하나둘 내 주변으로 몰려들었다. 서로 자기가 놀겠다며 아우성이라 순서를 정해 한 명씩 놀이를 하기도 했다.

그날 일정은 아이들과 야외 활동을 하는 것이었다. 가까운 공원에 가서 드론 날리기를 했다. 드론은 4대이고 아이들은 여러 명이라 4개 조를 짜서 한 번씩 조종해 보기로 했다. 조종이 익숙하지 않아 드론이 나무 위에 걸리거나 풀숲으로 들어가기도 했다. 드론을 날린다기보다 바닥에 굴리기에 가까웠다.

내가 맡은 조의 아이들 중 유독 나에게 와서 장난을 치는 여자아이가 있었다. 초등학교 5학년이었는데 그전에는 못 보던 아이였다. 최근에 온 아이였던 것이다. 드론 날리기를 하면서 자신의 순서를 기다릴 때는 장난치는 강도가 점점 세졌다. 손바닥으로 나의 등과 배를 때리며 장난을 쳤다. 그 작은 손바닥으로 짝짝 스매싱을 날리니 매우 아팠다. 벌레가 내 몸에 붙었다며 때리고, 등에 땀이 많이 났다고 때렸다.

"선생님은 왜 그렇게 배가 많이 나왔어요?"

"이 정도면 선생님 나이에 양호한 거야."

배를 칠 때는 아프긴 했지만 티를 내지 않았다. 관심과 사랑을 받고 싶어서 그렇다는 것을 느낄 수 있었기 때문이다. 짧은 시간 동안 큰 영향은 못 미치겠지만 재미있게 보내려고 노력했다. 한편으로는 답답한 사무실에서 벗어나 아이들과 노는 것이 에너지가 충전되는 느낌이었다. 봉사활동을 하러 왔지만 아이들에게 오히려 봉사를 받는 기분이었다. 장난치는 아이를 보니 셋째 딸이 생각났다. 우리 딸도 커서 이렇게 예쁘게 자랐으면 좋겠다는 생각이 들었다.

드론 날리기를 끝내고 센터로 복귀하기 위해 정리하고 있었다. 나에게 장난치던 여자아이가 갑자기 울기 시작했다. 처음에는 돌아가기 아쉬워서 우는 줄로만 알았다.

"왜 그래? 무슨 일 있어?"

"아빠가 너무 보고 싶어요. 흑흑."

아빠 또래의 차장님과 나를 보니 아빠가 생각났던 모양이었다. 센터로 돌아가는 길에 아이의 이야기를 들어보았다.

"아빠가 술 많이 먹고 집에 와서 물건을 다 부쉈어요. 아빠랑 엄마는 소리 지르면서 많이 싸웠고요. 아빠가 엄마도 막 때렸어요. 나중에 아빠는 엄마 통장이랑 내 돼지 저금통도 몰래 다 가져가 버렸어요. 흑흑."

"아이고. 그런 일이 있었구나."

"그 뒤로 아빠를 계속 못 봤어요. 흑흑."

"그랬구나. 아빠 많이 밉겠다."

"아빠가 미운데 그래도 보고 싶어요."

밝게 노는 아이였지만 속으로는 상처가 있었다. 아빠가 너무 밉지만 그래도 보고 싶다는 말에 마음이 아팠다. 자세한 상황은 모르지만 평소 그런 아빠는 아니었을 것이다. 돈에 쪼들리고 벼랑 끝에 몰리니 극단적인 행동을 했을 것이다. 아이가 아빠를 보고 싶다고 하니 함께했던 행복한 추억은 있던 모양이다. 술주정뱅이에 자식의 저금통까지 가져가버린 사람이라면 참 못난 아빠다. 그런 못난 아빠라도 아이에게는 보고 싶은 아빠인 것이다. 이때의 경험으로 우리나라에 아빠의 사랑이 부족한 아이들이 얼마나 많은지 알게 되었다.

센터로 돌아와 원장 선생님과 아이에 대해 잠시 이야기를 나누었다. 원장 선생님도 알고 계셨다. 아이들이 겉으로는 아무렇지도 않은 것 같지만 다들 상처가 있다고 했다. 그래서 아이들에게 더 사랑을 줘야 한다고 강조하셨다. 저녁 식사 시간이 되어서 작별 인사를 하고 센터에서 나왔다. 그날 저녁 내내 그 아이 생각으로 기분이 씁쓸했다. 참 예쁘고 착한 아이인데 사춘기가 왔을 때 방황하게 될까 봐 걱정도 되었다.

아이들을 가르치러 갔지만 상처를 받고도 밝게 지내는 모습을 보고 많이 배웠다. 아이들에게 사랑을 나눠 주려 했지만 오히려 내가 더 큰 사랑을 받았다. 봉사활동을 자주 가지는 못하지만 갈 때마다 하나씩 배워온다.

어느 날 아버지가 심한 간경화에 걸리셨다는 이야기를 들었다. 병원에서는 3개월밖에 남지 않았다고 했다. 그 말을 듣는 순간 내가 곧 고아가 될 것 같다는 느낌이 들었다. 내게는 아내와 자식들이 있지만 아버지의 존재감이 매우 컸던 것이다. 다행히 다른 병원에서 수술을 잘 끝내서 지금은 건강을 회복하셨다. 가정을 이룬 내게도 아버지의 존재감이 이렇게 어마어마한데 아이들에게는 어떨까? 상상 그 이상일 것이다.

아이들은 아빠의 존재 자체만으로 정신적인 안정감을 느낀다. 아빠는 아이에게 든든한 인생의 버팀목이다. 비싼 장난감이나 물질적인 것만이 좋은 선물이 아니다. 함께 소소한 시간을 보내고 추억을 만드는 것이 최고의 선물이다. 아이에게 최고의 선물은 아빠의 관심과 사랑이다. 아이들에게 무조건적인 사랑을 주자. 그러면 아이들은 더 큰 사랑과 행복으로 보답해 줄 것이다.

02

아빠의 좋은 습관보다
좋은 교육은 없다

우리 말보다 우리의 사람됨이 아이에게 훨씬 더 많은 가르침을 준다.
따라서 우리는 우리 아이들에게 바라는 바로 그 모습이어야 한다.

· 조셉 칠튼 피어스

아이들은 자기 전 항상 책을 읽어 달라고 했다. 얼른 재우고 나만의 시간을 가지고 싶었다. 그런데 책을 읽다 보면 시간만 흐르고 자는 시간이 항상 늦어졌다. 그래서 얼른 잘 수 있도록 아예 이른 시간에 책을 읽어 주었다. 읽고 싶은 책을 가져오라고 하면 첫째와 둘째 아이는 항상 책을 한가득 가져왔다. 어느 날은 둘째 아이가 책장 앞에서 발만 동동 구르고 있었다. 책을 너무 많이 골라서 무거웠던 것이다.

"어휴. 어휴. 난 못해. 무거워. 아빠 도와줘."

"너무 많이 골라서 그래. 두 권만 골라 봐."

책을 많이 보고 싶다는 아이들을 겨우 달래서 1명당 두 권씩만 고르게 했다. 책 한 권을 읽더라도 시간이 오래 걸렸다. 책을 읽으며 아이와 다양하게 이야기해 보는 시간을 가졌기 때문이다.

어느 날 첫째 아이가 책을 안 읽어 줘도 된다고 했다. 그러면서 책을 스스로 소리 내어 읽었다. 한글을 다 알지는 못했지만 간간이 아는 글자와 외운 이야기를 토대로 책을 읽는 것이었다. 동생에게 책을 읽어 주는 모습이 참 흐뭇했다. 이상하게 마음 한편으로는 섭섭하기도 했다. 점점 아빠의 손길이 덜 가는 아이가 대견하면서도 아쉬운 느낌이 들었기 때문이다.

집에서 조금 시간의 여유가 있을 때 짬짬이 책을 읽었다. 원래는 아이들이 잠든 뒤 책을 읽거나 원고를 썼다. 그런데 아이들이 조금씩 크면서 짬짬이 책 볼 시간을 확보할 수 있었다. 책을 오래 읽지는 못했지만 5~10분 정도는 볼 수 있었다. 그렇게 읽고 있으면 아이는 아빠 책에 호기심을 보이고 내게 와서 같이 책을 봤다.

"아빠. 여기에 '아'라고 쓰여 있네. 저기는 '다'라고 쓰여 있고."

"우와. 서준이 한글 잘 읽네. 점점 아는 글자가 많아지고 있어. 멋진데!"

아이는 간단한 글자를 읽으며 뿌듯해했다. 나는 아이가 학습에 스트레스를 받을까 봐 한글 공부로 부담을 주지 않았다. 다른 집에서는 글자를 읽어 보라고 자주 시킨다는데 딱히 그러지도 않았다. '한글 공부하고 싶으면 하고, 싫으면 말아라'라는 느낌이 정확할 것이다.

대신에 나는 짬짬이 책을 읽었다. 사실 아이에게 모범을 보이려고 책을 읽은 것은 아니다. 단지 내가 보고 싶은 책이 많았다. 그런데 책을 구매만 하고 읽지 못해 항상 독서에 목말라 있었다. 책장에 있는 책들이 자기 좀 봐달라고 나를 애타게 기다렸다. 하지만 마음껏 읽지 못하는 현실이 항상 안타까웠다. 아이들이 조금씩 크고 낮 시간에도 짬짬이 시간을 만들어서 책을 읽으니 아이들도 책을 좋아했다.

아이들이 아침에 일어나서 제일 먼저 하는 일은 책을 보는 것이다. 책을 보라고 부담을 주었다면 절대 있을 수 없는 현상이다. 아빠가 책 읽는 모습을 자주 보게 되니 아이들도 자연스럽게 책에 대한 호기심이 지속되었던 것이다.

"가, 갸, 거, 겨, 고, 교…."

거실에 붙여놓은 한글 음절 표를 서준이가 읽고 있으면 유준이가 와서 따라 읽었다. 그러면 돌이 지난 막내 채윤이가 와서 오빠들을 따라 했다. 발음은 정확하진 않지만 "꺄, 꺄, 꺄, 꺄." 하며 리듬은 비슷하게 흉내 냈다. 아이들은 책장에서 항상 책을 한가득 꺼내 쌓아놓고 읽었다. 그러면 막내 아이가 밟고 지나가다 넘어지기도 하고 종이가 찢어지는 등 뒤처리할 일이 많았다. 책을 읽었으면 정리 좀 하라는 아내의 말이 들리면 아이들과 함께 조용히 책을 정리했다.

아이들이 책에 정신이 팔려 있으면 나도 잠시 책을 펼쳐 보았다. 몇 분 뒤 아이들은 내게로 와서 아빠의 책을 같이 보다가 흥미가 떨어지면 다른 놀이를 했다. 거의 이러한 패턴이 계속되었다.

육아 상담을 할 때의 일이다. 여섯 살 아이를 키우는 집이었다. 그분은 아이의 실수에 대해 굉장히 예민했다. 특히 남들 앞에서 아이가 떼를 쓰거나 실수하는 것을 극도로 싫어했다. 아이가 남들보다 조금이라도 뒤처지는 것 같으면 참지 못했다. 그래서 아이에게는 유독 엄하게 대했다. 아이는 유치원을 다니는데 한글을 잘 모른다고 했다. 그분은 "그렇게 책을 많이 읽어줬는데 왜 몰라?"라며 아이를 몰아붙였다. 아이는 한글에 대한 호기심이 있어도 부모가 "이건 무슨 글자야?"라고 하면 입을 다물었다. 아이 나름대로 스트레스를 받은 것이다. 아이는 책을 좋아하고 글자는 몰라도 그림을 보며 상상하는 것을 즐겼다. 그런데 갑자기 부모가 와서 글자에 대해 캐물으니 오히려 호기심이 떨어졌다. 그래서 나는 다음과 같이 조언해 주었다.

"부모 마음을 일단 내려놓으세요. 아이도 자기 나이에 맞게 단계별로 습득하는 때가 있어요. 너무 밀어붙이기만 하면 제때에 배워야 할 것들을 놓치기도 해요. 아이를 믿어 주고 기다리는 것 또한 부모의 일이에요."

부모가 되면 아이들에게 바라는 점이 많아진다. 욕심이 생기기 때문이다. 아이에게 요구하는 사항이 많아지고 기대치에 미치지 못하면 부담을 준다. 아이들도 자신만의 때가 있다. 준비되지 않은 아이에게 무리한 요구를 할수록 스트레스만 쌓인다. 오히려 아이가 제때에 배우고 익혀야 할 것들을 놓칠 수도 있다. 성장 단계에 맞지 않은 교육은 아이에게 혼란만 가중시킬 뿐이다.

부모가 아이에게 말로만 하면 잔소리가 된다. "책 봐라, 공부해라, 정리해라." 하는 것들도 한두 번이지 매일 그러면 부모나 아이나 힘들어진다. 차라리 아이에게 바라는 모습을 부모가 직접 해 보는 것이 백번 낫다. 아이가 책을 많이 읽게 하고 싶으면 부모가 책을 보면 된다. 아이가 정리 정돈을 안 하면 함께 놀이를 통해 정리하면 된다.

부모의 좋은 습관은 아이에게 그대로 전달된다. 아이들은 장난만 치고 노는 것처럼 보이지만 부모를 보며 많은 것들을 배운다. 사진 찍듯이 머릿속에 부모의 모습을 각인시키는 것이다. 아이에게 가르치기에 앞서 부모 스스로 좋은 습관을 들이도록 노력해 보자. 어느 순간 부모를 따라 하는 자녀를 보게 될 것이다.

03

아빠의 인정과 사랑이
아이의 자존감을 높인다

자식교육의 핵심은 지식을 넓히는 데 있는 것이 아니라 자존감을 높이는 데 있다.

· 레프 톨스토이

서준이는 한창 한글과 영어에 관심을 많이 가졌다. 한글은 더듬더듬 읽다가 어느 날은 동생에게 책 한 권을 거의 다 읽어 줄 정도로 발전해 있었다. 글자는 거의 그리기 수준이었지만 나름대로 써 보려고 노력하고 있었다. 공부하라고 딱히 이야기한 적은 없지만 흥미를 가지고 노력하는 모습이 기특해 보였다. 영어에도 흥미를 보여 영어동요와 만화 캐릭터가 나오는 영어책을 사 주었다. 아직 영어책은 혼자 읽지 못해 엄마와 아빠에게 가져와서 읽어 달라고 했다. 어느 날은 유치원 친구들에게 특별한 선물을 주고 싶어 했다.

"아빠. 친구들한테 편지 써서 선물하고 싶어요."

"유준이도. 유준이도."

서준이는 네 명의 유치원 친구들, 유준이는 어린이집 선생님에게 편지를 쓰고 싶어 했다. '이왕 편지를 쓸 거라면 제대로 쓰게 해 주자'라는 생각이 들었다. 노트북으로 편지를 대신 만들어 주었다. 별 내용은 없었지만 아이들이 써 달라는 대로 적었다. "엘리베이터 조심해. 위험하니까." 이런 내용이었다. 아이들이 그려 달라는 곰돌이는 비슷한 이미지를 찾아서 넣었다.

이 과정이 쉽지는 않았다. 아이들에게 기다리라고 했지만 채윤이는 작은 상 위로 올라가 춤추고 있었고, 그러다 넘어져서 울음을 터트렸다. 유준이는 내 등 뒤로 올라와 목을 조였다. 서준이는 키보드를 만지며 장난을 쳤다. 도저히 집중할 수 없는 상황에서 겨우 편지를 완성했다. 드디어 프린트를 하려 했는데 뭔가 오류가 났는지 출력이 되지 않았다. 그 사이에도 아이들은 내 몸을 기어오르고 팔꿈치로 누르며 난리를 치고 있었다.

"아빠 이거 하고 있잖아! 좀 기다려 봐!"

기다리라고 해서 기다릴 아이들이 아니었다. 밤 9시가 넘어서 아이들 양치도 해야 하고, 책도 보고 자야 하는데 마음이 급해졌다. 프린터 때문에 계속 끙끙대고 있는데 안 되는 이유가 있었다. 종이를 엉뚱한 곳에 껴 넣었던 것이었다. 다시 A4용지를 제자리에 끼우니 명쾌한 소리와 함께 프린트가 되었다. 아이들은 완성된 편지를 보며 기뻐했다.

"우와. 친구들이 너무 좋아하겠다. 선생님이 깜짝 놀라시겠는데."

유준이는 튼튼나무반 선생님에게 드릴 편지를 꾸미겠다며 색

연필로 그림을 그렸다. 내가 보기에는 낙서였지만 아이 나름대로는 꾸미고 있는 중이라 그대로 놔뒀다. 나중에는 일부 글자가 안 보일 정도로 색을 칠했지만 대충 글자는 알아볼 만했다. 편지를 받을 친구들과 선생님을 생각하니 내가 다 뿌듯해졌다.

다음 날 서준이에게 친구들의 반응을 물어보았다. 그런데 부끄러워서 편지를 못 주고 다시 가져왔다는 것이었다. 그 난리를 치며 편지를 만들었는데 갑자기 허무해졌다.

"서준아. 용기를 가지고 편지 줘 봐. 분명히 엄청 좋아할 거야."

결국 3일 뒤 편지를 친구들에게 나눠 주었다고 했다. 유준이 선생님에게는 아내가 편지를 잘 전달했다. 아빠와 함께 만든 편지는 힘든 과정이었다. 하지만 아이들은 선물하는 기쁨, 배려 등을 배울 수 있었을 것이다. 아빠의 관심과 작은 것이라도 함께하는 경험이 늘어날수록 아이는 '자기긍정감'을 키울 수 있다. 비슷한 말로 '자존감'이라고도 한다.

자존감(self-esteem)은 자신이 소중한 존재라고 생각하는 자기 확신을 의미한다. 자존감은 문제가 닥쳐도 도전하고 해결할 수 있는 용기의 밑바탕이 된다. 자신을 사랑하는 마음이 뿌리내리고 있기 때문이다. 자존감이 있으면 주변의 비난에도 흔들리지 않는 강한 자아를 가질 수 있다. 힘든 일이 생겨도 중심을 잡고 일어날 수 있는 회복탄력성(resilience)이 강해지기 때문이다. 또한 자기 자신이 소중하기 때문에 다른 사람도 소중히 생각할 줄 안다.

반면 자존감이 낮을수록 어른이 되었을 때 열등감이 심해진다. 스스로 형편없는 사람으로 비하하기도 하고 끊임없이 남들과 비교한다. 그래서 어려운 일을 만나면 흔들리고 중심이 잡혀 있지 않으니 다시 일어나기 힘들어진다.

자존감을 높이기 위해서는 아이가 어릴 때부터 아낌없는 애정을 쏟아 부어야 한다. 훈육도 중요하지만 스킨십과 긍정적인 말로 사랑을 듬뿍 주어야 한다. 그런데 아빠는 한정된 시간에 아이에게 충분한 애정을 전달하기 어려울 수 있다. 요즘같이 바쁜 아빠들에게 쉽지 않은 일이다. 하지만 짧은 대화로도 충분히 애정을 전달할 수 있다.

"너는 아빠의 보물이야."

퇴근해서 아이가 "아빠!"하며 달려올 때, 아침에 아이가 일어났을 때, 밤에 자기 전에 이런 말을 해 주자. 아이를 안아 주고 머리를 쓰다듬어 주고 뽀뽀하며 말하면 더 좋다. 그러면 아이는 자신이 소중한 존재라는 것을 느낄 것이다. 그뿐만 아니라 세상에 대한 긍정적인 생각과 행복한 감정을 느낄 수 있다.

"네가 있어서 아빠는 너무 행복해."

아이를 안아 주면서 이런 말을 해 주자. 아이는 '내가 아빠를 행복하게 해 주는구나'라고 느낄 수 있다. 또한 아이의 존재 자체를 아무런 조건 없이 긍정하는 말이다. 아이를 하나의 인격체로 존중하는 마음으로 말해야 한다. 이런 말을 반복하면 부모와 아이 사이에 신뢰가 쌓인다. 서로 신뢰가 있으면 가볍게 배신할 수 없다.

"네 덕분에 아빠가 될 수 있었네. 고마워."

평소에 해 줘도 좋지만 생일날 해 주면 더욱 효과적이다. 생일 축하를 해 주며 아빠가 되게 해 줘서 고맙다고 하는 것이다. 나 스스로 아빠가 된 것이 아니라 아이 덕분에 아빠가 될 수 있었으니 말이다. 아이는 아빠가 무엇이든지 잘하고 힘도 센 대단한 사람이라고 생각한다. 그런 아빠를 '아빠'라고 부를 수 있게 한 것이 자신이라는 것만으로도 기분이 좋아지고 자존감 또한 덩달아 높아질 것이다.

아이와 함께하는 시간을 하나씩 만들어 나가고 애정을 쏟아 보자. 당장 눈에 보이는 것이 없을 수도 있다. 하지만 결국 내공이 가득한 아이로 성장시킬 수 있을 것이다. 아빠의 격려와 사랑이 쌓이면 아이는 건강한 자존감을 가질 수 있다. 완벽한 아빠가 되기보다 충분한 사랑을 주는 아빠가 되어 보자.

04

머리가 아닌
가슴으로 키워라

사람은 오로지 가슴으로만 올바로 볼 수 있다. 본질적인 것은 눈에 보이지 않는다.

· 생텍쥐페리

　무더운 여름날, 밖에 가만히 있어도 땀이 줄줄 흘렀다. 출근하다 보면 양복바지는 땀으로 젖어 허벅지에 찰싹 달라붙었다. 셔츠는 금방 땀으로 젖어 축축해졌다. 숨을 쉬면 뜨겁고 습한 공기가 허파로 밀려 들어왔다. 하지만 회사에 도착하면 파라다이스였다. 땀으로 젖은 옷과 피부는 에어컨 바람 덕분에 금방 보송보송해졌다. 집에서는 아이들이 워낙 땀을 많이 흘리기 때문에 에어컨을 가동할 수밖에 없었다. 그런데 항상 에어컨이 나오는 실내에서 생활하다 보니 감기에 걸리고 말았다. 콧물과 기침 때문에 밤에 잠을 이루기 힘들었다.

　그러던 어느 휴일, 가족들과 돌잔치를 다녀왔다. 출발할 때는 그럭저럭 괜찮았다. 친인척들과 인사를 하고 아이들이 먹을 만한 음식을 정신없이 날랐다. 밥이 입으로 들어가는지 코로 들어가는지 모르게 식사를 했다. 식사를 마치고 유준이와 채윤이 기저귀를 갈아 주니 기운이 빠졌다. 집으로 돌아오는 길에는 머리가 아파지기 시작했다. 졸음과 두통이 겹치면서 소화가 안 되니 운전을 하기 힘들었다. 아내가 교대하자고 했지만 오기를 부리며 끝까지 운전했다.

집에 도착해서 땀에 젖은 아이들 목욕을 시켰다. 목욕이 끝날 때까지 에어컨을 꺼 두었더니 금세 온몸이 땀범벅이 됐다. 이런 상황에서도 장난기가 발동했다. 땀에 젖은 몸으로 아내에게 다가가 안아 주는 제스처를 했다. 아내는 "꺅!"하며 도망갔다. 아내의 반응이 재미있어서 쫓아다니며 장난을 쳤다.

샤워를 하고 나와도 두통은 가시지 않았다. 정신없이 먹은 식사 때문에 속도 답답했다. 약을 먹고 아내에게 뒤를 부탁한 후 누워 있을 수밖에 없었다. 오랜만에 낮 시간에 누워 있는 사치를 부렸다.

"아빠 힘드니까 들어가지 마! 양유준! 장난감 정리해야지!"

잠이 살짝 들었다가 깨니 서준이 목소리가 들렸다. 무슨 일인지 궁금해서 거실로 나갔다. 아이들이 반갑게 달려와 안겼다. 평소 같았으면 장난감으로 엉망이 되어 있을 거실이 웬일인지 깨끗했다.

"아빠. 여기 봐요. 여기요."

"우와! 거실이 깨끗하네. 누가 정리한 거야?"

"서준이가요. 아빠 힘드니까 내가 정리했어요."

"와! 정말 잘했구나. 아빠를 위해서 이렇게 정리도 잘하고. 진짜 멋지다. 아이고, 예쁘다."

아빠가 아프다고 하니 알아서 거실을 정리한 서준이에게 감동을 받았다. 게다가 아빠가 누워 있는 방으로 동생들이 못 들어오도록 철저히 방어까지 해 준 것이다. 서준이 엉덩이를 토닥이며 뽀뽀해 주었다. 서준이는 "헤헤. 아빠가 제일 좋아." 하며 한동안 그렇게 안겨 있었다. 서준이 덕분에 잠시 쉬었더니 두통이 없어지고 컨디션도 괜찮아졌다. 서준이도 여섯 살 어린아이라 동생들을 통제하기 힘들었을 것이다. 그래도 아빠가 기뻐하는 모습을 보기 위해 집을 정리하고, 동생들을 돌본 것이다.

아이들을 대할 때 항상 내가 돌봐 줘야 하는 대상으로만 바라보았다. 그런데 아이가 나를 위로하고 돌봐 줄 때가 있다는 것을 알게 되었다. 하루아침에 이렇게 된 것은 아니다. 떼를 쓰고 울고 불며 힘든 시간도 있었다. 하지만 그때마다 아이와 더 재미있게 놀기 위해 노력하고, 아이의 긍정적인 부분을 바라보고 말로 전달하려 애썼다.

아이의 문제 행동에 숨겨져 있는 긍정적인 면을 찾으려 애썼다. 무엇보다 진심으로 대했다. 아이에게 화를 낸 이후에라도 아빠의 실수를 인정하고, 아이에게 사과했다. 또한 훈육은 확실히 하고, 사랑 표현은 더 확실히 했다. 그러다 보니 아이는 내게 이루 말할 수 없는 행복을 안겨다 주었다.

회사에서 잠깐 시간을 내어 아내에게 전화를 걸었다. 오늘은 또 무슨 일이 일어났는지 궁금했기 때문이다. 아내와 몇 마디 나누다 보면 옆에 있던 아이들은 서로 아빠와 통화를 하고 싶어 했다. 아내는 못 이기는 척 아이들에게 전화를 넘겼다.

"서준이 뭐 먹고 있어요?"

"서준이 시리얼 먹고 있어요."

"우와. 맛있겠다."

"아빠도 같이 먹자."

"응. 고마워."

저녁에 집에 가 보니 몇 개의 시리얼이 그릇에 담겨 있었다. 서준이가 아빠와 먹는다며 시리얼을 안 먹고 참았던 것이다. 먹고 싶은 것을 열심히 참을 만큼 아빠 생각을 해 준 것이 대견했다. 시리얼 몇 개에 감동받긴 처음이었다. 온 가족이 시리얼을 하나씩 나눠 먹으면서 행복을 느낄 수 있었다. 아이도 타인과 자신의 것을 나누며 느끼는 만족감을 느꼈을 것이다.

과거 아버지 세대는 권위적인 부분이 많았다. 아버지는 큰 산 같은 존재이고 집안의 가장 큰 어른이었다. 감히 접근할 수도 없는 무섭고도 어려운 존재였다. 그러나 현대에 들어서며 아버지의 역할이 많이 변했다. 친구 같은 아빠, 가정적인 아빠 등 좋은 아빠가 되기 위한 많은 수식어가 붙었다.

제일 좋은 아빠는 가정에서 '왕'이 되기보다는 '왕관' 같은 존재다. 아빠의 권위와 위엄의 상징은 챙기되 나머지는 아내에게 넘기는 것이다. 권력은 인간의 가장 원초적인 본능이다. 하지만 이것을 버리면 편해진다. 아빠의 권위는 챙기되 왕의 자리는 아내에게 넘기자.

육아의 이론이나 기술은 물론 중요하다. 당장 써먹을 수 있는 노하우는 초보 부모들에게 유용하다. 하지만 더 중요한 것이 있다. 그것은 바로 부모의 진심이다. 이론에만 치우치지 말고 아이를 사랑하는 진심에 집중하자. 그것이 육아의 핵심이다. 아이를 머리가 아닌 가슴으로 키우자. 진심 어린 육아는 부모와 아이 모두에게 행복한 시간을 가져다줄 것이다.

05

착한 아이가 되라고
강요하지 마라

문제아동이란 절대 없다. 있는 것은 문제 있는 부모뿐이다.

· 알렉산더 닐

　　주말 아침 아이들과 함께 공원에 가기로 했다. 여섯 살 서준이는 혼자서 하려는 것들이 많아 옷도 잘 입었다. 가끔 옷을 뒤집어 입거나 앞뒤가 바뀌긴 하지만 혼자 하려는 모습이 기특해 보였다. 네 살 유준이는 한창 반항기에 접어들었다. 이리 오라고 하면 도망가고 가자고 하면 집에 있겠다고 했다. 옷 입히는 것도 쉽지 않았다. 그래서 두 살 채윤이 옷을 먼저 입히고 유준이에게 다가갔다.

　　반강제로 옷을 다 입혀 놓으니 이상한 냄새가 났다. 기저귀를 보니 응아를 한 것이다. 꼭 나가려고 하면 장운동이 활발해지는 것 같았다. 다시 바지를 벗기고 기저귀를 열어 보니 새지 않은 것이 신기할 정도로 양이 많았다. 물로 씻기고 로션 바르고 다시 기저귀와 바지를 입혔다. 그런데 이번에는 채윤이에게서 냄새가 났다. 채윤이도 씻기고 기저귀 갈다 보면 이미 외출하려고 했던 시간이 한참 지나있었다. 마음이 조급해지기 시작하고 "빨리빨리."만 외쳤다. 신발장에 가니 아이들이 갑자기 장화를 신겠다고 했다.

"지금 장화 신으며 땀나고 더워. 시원한 이 신발 신자."

"싫어. 장화 신고 싶어."

아이와 실랑이를 하다 보면 시간만 지체되고 마음은 더 조급해졌다.

"그럼 장화는 손에 들고만 가. 차에 놓기만 하는 거야. 알았지?"

무조건 안 된다고 하기보다 타협을 해서 최선의 안을 내놓았다. 주차장에 도착해 아이들을 차에 태웠다. 트렁크에 짐을 싣고 보니 유준이가 자리에 없었다. 운전석에 가서 장난을 치고 있던 것이다.

"유준아. 얼른 네 자리로 가. 이제 출발해야지."

"싫어. 아빠 자리에 앉을 거야."

"아빠 자리 너무 멋지지? 여기 앉아서 운전하고 싶었구나?"

"응. 내가 운전할 거야."

"나중에 아빠랑 운전 한번 해 보자. 지금은 빨리 가야 돼. 얼른 나오자."

"싫어!"

"양유준! 빨리 네 자리로 안 가? 말 안 들을래?"

갑자기 화가 올라와서 소리를 질렀다. 집에서 시작된 실랑이로 누적된 감정이 한 번에 폭발한 것이다. 아이를 끌어내서 카시트에 앉혔다. 아이가 울면서 뒤로 뻗어서 벨트를 맬 수가 없었다. "가만히 있어!" 하며 안전벨트를 겨우 맸다.

"너희들 이럴 거면 집에 있어. 말도 안 듣고 진짜. 너희들 앞으로 안 데리고 다닐 거야."

아내도 덩달아 화가 나서 소리를 질렀다. 아이들이 크고 자아가 생길수록 고집도 세지고 원하는 것도 확실해져서 아내와 나는 소리 지르는 일이 많아졌다.

공원에 도착해서 차에서 내렸다. 유준이는 장화를 가지고 가겠다고 떼를 썼다. 아내는 장화를 왜 가져오게 했냐며 아이와 나를 함께 혼냈다. "어! 저기 봐봐! 개미다, 개미!" 하며 주의를 다른 곳으로 분산시키고 조용히 장화를 차 안에 놓고 내렸다. 막상 공원에 도착하니 아이들은 언제 그랬냐는 듯이 신나게 뛰어놀았다.

그늘 한쪽에 텐트를 치고 아이들과 간식, 음료를 먹었다. 아이들은 공원에서 비슷한 또래의 친구나 형들과도 잘 놀았다. 채윤이는 아내와 텐트 안에 있었는데 자꾸 나가고 싶어 했다. 그래서 신발을 신기고 손을 잡고 함께 걸었다. 아장아장 걷는 모습이 너무 사랑스러웠다. 지나가는 사람들도 채윤이를 보며 "아유. 예쁘다." 하며 귀여워했다.

공원에서 공놀이, 술래잡기 놀이, 개미 관찰 등등 놀다 보니 체력이 점점 떨어졌다. 유준이는 "졸려. 졸려." 하면서도 계속 놀려고 했다. 배도 고프고 가야 할 시간이 돼서 텐트를 정리하고 아이들과 차로 향했다. 이번에는 서준이가 더 놀겠다며 따라오지 않았다. 유준이는 졸려 해서 안고 서준이에게는 얼른 오라고 하며 길을 재촉했다. 서준이는 조금 따라오더니 그 자리에 앉아서 울먹거렸다.

차는 뜨거운 태양 아래 주차되어 있어서 이미 실내까지 뜨거워져 있었다. 에어컨을 얼른 틀고 출발하고 싶었지만 서준이는 여전히 버티고 있었다. 등에서는 땀이 줄줄 나고 배가 고파지니 예민해졌다. 다시 서준이에게 다가가 번쩍 안아서 차에 태웠다. 약간의 반항은 있었지만 아이도 피곤해서인지 자리에 잘 앉았다. 뜨거워진 핸들을 잡고 드디어 출발했다. 시원한 에어컨 바람을 쐬면서 운전하다 보니 아이들은 금방 잠들어 버렸다. 이렇게 피곤했으면서 더 놀고 싶어 한 아이들이 신기했다.

육아를 하다 보면 아이들은 참 말을 안 듣는다. 옷 입어라, 안 입겠다, 밥 먹어라, 과자 먹겠다 하며 그 행동도 다양하다. 아이의 이런 행동은 부모의 분노를 폭발시키기도 한다. 아이에게 화를 낸 후 심하게 말한 것을 후회하며 '다시는 그러지 말아야지' 하면서도 상황은 반복된다.

그래서 육아 시뮬레이션을 해보기로 했다. 아이가 떼를 쓰는 행동을 머릿속으로 미리 예측해 보는 것이다. 예를 들어 밥을 먹이기 전에 미리 밥을 안 먹는 행동, 밥을 흘리는 행동, 밥으로 장난치는 행동, 수저를 떨어뜨리는 행동, 식탁에서 장난감을 가지고 노는 행동, 물만 먹으려는 행동, 밥은 안 먹고 반찬만 먹는 행동 등 아이의 행동을 미리 생각해 놓는 것이다. 그러면 실제 아이가 비슷한 행동을 했을 때 당황스럽지 않다. '내 그럴 줄 알았다'라는 생각이 들며 행동을 예측한 나 자신이 대견해진다. 화가 나기보다 아이의 행동이 자연스러워 보인다.

외출을 하기 전에도 미리 예측할 수 있는 행동은 많다. 옷을 안 입으려는 행동, 장난감을 다 가져가려는 행동, 엘리베이터에서 쿵쿵 뛰며 장난치는 행동, 주차장에서 뛰어다니는 행동, 차에 안 타려거나 안 내리는 행동, 운전 중 카시트 안전벨트를 푸는 행동, 사람 많은 곳에서 소리 지르는 행동, 부모를 따라 오지 않고 다른 쪽으로 가는 행동, 장난감을 사 달라고 드러눕는 행동을 미리 생각해 놓는다. 시뮬레이션 목록에 없는 행동을 하더라도 당황할 필요는 없다. 목록에 한 개를 더 추가해서 다음에도 비슷한 행동을 할 것이라고 마음의 준비를 하면 된다.

그 밖에도 세면대에서 장난쳐 옷이 젖는 행동, 기저귀에 손을 넣어 똥을 만지는 행동, 똥 묻은 손을 옷에 닦는 행동, 형제끼리 싸우는 행동, 때리고 미는 행동, 소파에 낙서하는 행동, 아빠의 서류를 찢는 행동 등을 미리 예측한다면 도움이 될 것이다. 미리 예측하면 사전에 사고치는 것을 예방할 수 있다. 중요한 서류는 아이 손이 안 닿는 곳에 둔다든지, 필기구는 한곳에 잘 보관해 두는 것이다.

분노가 폭발하는 이유는 당황스럽기 때문이다. 아이가 예측하지 못한 행동이나 말을 안 듣는 행동을 하면 당황스럽다. 놀람과 당황은 스트레스가 되고 화로 표출된다. 그러나 예측하고 있었다면 놀라지 않고 스트레스가 줄어든다. 100% 화가 나지 않는 것은 아니다. 하지만 아이의 행동을 미리 머릿속으로 상상해 보는 것이 도움이 된다. 아이가 사고를 치더라도 같이 정리하는 습관을 들인다면 아이도 서서히 변화를 보일 것이다.

많은 부모들이 아이가 어른처럼 생각하고 행동하길 기대하고, 그 기대가 충족되지 않으면 화를 낸다. 아이는 아직은 미숙한 존재다. 어른과 똑같은 행동을 기대하는 것은 무리한 요구일 뿐이다. 아이는 자유로운 영혼이라는 것을 인정하고 미숙한 존재 자체를 인정해야 한다. 육아 시뮬레이션을 미리 해 보고 부부가 함께 공유하다 보면 화낼 일도 점점 줄어들 것이다. 말 잘 듣고 착한 아이가 되라고 강요하기보다 현재 모습을 그대로 존중해 주고 사랑해 주자.

06

똑똑한 아이보다
지혜로운 아이로 키워라

다 자란 새가 둥지를 떠나듯, 아이도 언젠가 떠나기 위해 성장한다.

· 디오게네스

초등학교 6학년 때였다. 내 뒤에는 반에서 제일 키가 크고 뚱뚱한 아이가 앉아 있었다. 그런데 그 친구가 어느 날부터 뒤에서 내 머리를 툭툭 치며 장난을 쳤다. 하지 말라고 해도 장난은 계속되었다. 내가 말로만 하지 말라고 하고, 싸움도 잘 못할 것처럼 보였기 때문일 것이다. 특별히 화나는 상황은 아니었는데 이대로 두면 계속 반복될 것 같았다. 그래서 하루는 '어디 한번 또 쳐 봐라'라는 생각으로 마음의 준비를 하고 있었다. 수업이 끝나고 선생님이 나가시니 어김없이 내 머리를 툭툭 쳤다. '이때다' 싶어서 나도 반격을 가했다.

"하지 말라고 했지!"

나도 똑같이 그 친구의 머리를 쳤다. 그 아이는 약간 당황하더니 나를 또 쳤다. 이렇게 서로 한 대씩 주고받다가 결국 큰 싸움으로 이어졌다. 주변의 책상과 의자가 넘어졌고 책들이 어지럽게 흩어졌다. 싸우는 동안 모든 행동이 슬로비디오처럼 보였다. 좀 더 빠르게 움직이고 싶었지만 내 몸도 슬로비디오를 찍고 있었다. 플라스틱 쓰레기통은 부서지고 점점 싸움이 과격해졌다. 남자들은 알겠지만 싸움이 시작되면 금방 진흙탕 싸움이 된다.

"뭐 하는 짓들이야?"

전교에서 제일 무서웠던 담임 선생님이 들어오셨다. 정신을 차리고 보니 다른 반 아이들까지 싸움을 구경하기 위해 복도에 가득 차 있었다. 같이 싸웠던 아이와 내 옷은 모두 단추가 떨어져서 너덜거렸다.

"둘 다 복도에 엎드려 있어! 내일 너희들 어머니 오시라고 그래!"

한 시간 동안 복도에 엎드려 있으면서 걱정이 몰려왔다. 선생님에게 벌만 받고 끝날 줄 알았는데 어머니까지 학교에 불려오게 생겼기 때문이다. 생각보다 일이 커지자 어머니에게 어떻게 말할지 걱정되었다. 결국 집에 가서 솔직하게 다 말했다. 그런데 예상 외로 어머니는 크게 야단치지 않았다. "다음부터는 조심해라."라는 말만 하셨다. 아버지도 학교에서 싸운 내 이야기를 들으시더니 혼내지는 않으셨다.

다음 날 학교에 오신 어머니는 선생님과 면담을 하고 가셨다. 집에 돌아가서 학교에 다녀가신 어머니에게 더 혼날까 봐 긴장하고 있었는데 생각지 못한 말씀을 하셨다.

"친한 친구들 내일 집으로 오라고 그래. 엄마가 맛있는 거 해 줄게. 싸웠던 그 친구도 같이 와."

어리둥절했지만 다음날 친구들을 집으로 초대했다. 어머니는 "이렇게 덩치 큰 친구랑 싸웠어?" 하며 놀라셨다. 어머니가 해 주신 떡볶이를 친구들과 맛있게 나누어 먹었다. 그 이후 싸운 친구와는 친한 사이가 되었다. 더 이상 날 괴롭히지 않았고 든든한 아군이 되었다.

그때 어머니가 왜 싸웠냐며 나를 혼냈다면, 싸운 친구를 집으로 초대하지 않았다면 어떻게 되었을까? 혼난 경험이 있으니 반성했을까? 그렇지 않을 것이다. 반감만 더 커졌을 것이다. 어머니는 내가 싸운 '이유'가 있었을 것이라고 생각하셨다. 나 자신을 지키기 위한 행동이었음을 믿어 주셨다. 나는 이때 어머니에 대한 감사함과 동시에 나 자신이 존중받는다는 느낌을 받았다.

어머니는 나에게 존중과 믿음을 보여 주셨다. 그런 사랑을 받았음에도 불구하고 나는 내 아이들에게 어머니만큼의 존중과 믿음을 주지 못했다. 아직 미숙한 아이들을 불안해하고 있는 것이다. 직장생활과 더불어 아빠 육아 전문가로 활동하고 있지만 어머니에 비해서는 아직 멀었다. 아이에게 온전한 믿음을 주기 위해 지금도 노력중이다.

부모가 나를 믿어 주고 긍정적인 방향으로 이끌어 주면 아이는 감동하고 더 신뢰하게 될 것이다. 아이를 믿는 마음이 있어야 가능하다. 분명히 이유가 있었을 것이라는 믿음 말이다. 소중한 한 번의 경험은 평생 마음속에서 힘이 된다. 다양한 시련이나 갈등을 경험할 때마다 극복할 수 있는 에너지가 되기 때문이다. 어머니가 나를 믿어 주었던 기억은 힘든 순간이 와도 이겨낼 수 있는 힘이 되었다. 세상의 모든 아이들은 어른에게 긍정적인 믿음과 존중을 받으며 성장해야 한다. 그리고 그런 믿음과 존중을 보여 주는 사람이 아빠, 엄마라면 그 효과는 더 클 것이다.

아버지께서 형, 누나 그리고 내가 어렸을 적부터 입버릇처럼 하시던 말씀이 있었다. 크면 독립해서 나가 살라는 것이었다. 새도 어린 새끼가 크면 둥지에서 쫓아낸다면서, 너희도 어른이 되면 독립하라고 하셨다. 어린 마음에 매정하게 들리긴 했지만 지금 생각하면 필요한 과정이다.

훌륭한 리더는 많은 추종자를 가진 사람이 아니라, 많은 사람을 자신과 같은 리더로 만들어 내는 사람이다. 훌륭한 선생님은 많은 지식을 가진 사람이 아니라, 많은 제자들이 자신을 뛰어넘게 가르치는 사람이다. 훌륭한 왕은 많은 백성을 가진 사람이 아니라, 많은 지도자를 만들어 내는 사람이다. 훌륭한 부모는 많은 부를 소유하고 항상 옆에 있어 주는 존재가 아니라, 부모가 옆에 없어도 살 수 있도록 독립시키는 사람이다.

요즘에는 아이의 일에 너무 간섭하고 도와주려는 부모들이 많다. 아이는 이런 부모에게 전적으로 의지하고, 부모가 없으면 단순한 결정도 못 내리게 된다. 부모는 아이를 못 믿어 간섭하는 것일 수도 있다. 다른 한편으로는 아이가 계속 자신을 필요한 존재로 느끼게 하고 싶어 하는 심리도 작용한다. 즉, 아이에게 필요한 존재가 되고 싶어 하는 것이다. 그러나 언젠가는 내 품에서 떠나보내야 하는 아이다. 옆에 끼고 살려고 하지 말자.

존중과 믿음으로 키운 아이는 스스로 독립할 수 있는 힘을 가지고 있다. 스스로 결정하고 판단하는 아이로 성장하는 것이다. 머리에 지식만을 채워 주려고 너무 노력하지 않아도 된다. 세상은 빠르게 변한다. 지금 머리에 든 지식은 아이가 성장하면 쓸모없는 것이 될 수 있다. 그 대신에 아이가 성장해서 진정으로 필요한 지혜를 쌓을 수 있도록 도와줘야 한다. 지혜로운 아이로 키워서 스스로 독립할 수 있도록 하자. 그것이 진정한 부모의 역할이다.

07

누구나 좋은 아빠가 될 수 있다

아는 것만으로는 충분하지 않다. 이를 적용해야 한다.
의지만으로는 충분하지 않다. 이를 실천에 옮겨야 한다.

· 요한 볼프강 폰 괴테

나의 첫 책 《아빠 육아 공부》 출간 이후 많은 분들의 관심을 받았다. 방송국, 백화점 문화센터, 보건소, 지자체 센터 등 다양한 곳에서 강연 요청이 들어왔다. 다양한 지역으로 강연을 다니며 수많은 아빠들을 만나서 소통의 시간을 가졌다. 각종 TV, 라디오에 출연해서 아빠 육아에 대한 메시지를 전하기도 했다. 강연 활동을 하며 대한민국의 아빠 육아에 대한 갈증이 얼마나 심한지 실감할 수 있었다.

EBS 라디오에서 출연 요청이 들어왔을 때는 내심 놀랐다. 나름 '아빠 육아 전문가'라고 했지만 전 국민이 듣는 라디오에 출연한다는 것이 부담스러웠기 때문이다. 하지만 이 또한 좋은 기회가 될 것 같아 용기를 내서 출연 요청에 수락했다.

바쁜 일정이었지만 회사에 양해를 구해 반차를 쓰고 방송국으로 향했다. 사전에 작가로부터 원고를 받아 답변을 준비하긴 했지만 처음 출연하는 라디오 방송이라 긴장되었다.

방송국에 도착해서 녹음 장소로 향했다. TV에서만 보던 라디오 녹음실이 있었다. 방송작가님과 제작진에게 인사를 하니 진행자인 아나운서 김정근 씨와 개그맨 김인석 씨가 보였다. 반갑게 인사하고 방송 전 간단한 이야기를 나누었다. 그들은 직장을 다니며 틈틈이 육아 책을 쓴 나를 대단하게 바라보았다.

대화를 나누며 떨리는 마음을 가라앉혔지만 녹음실에 들어가 앉아 있으니 갑자기 긴장되었다. 헤드셋은 어떻게 써야 하는지, 마이크 위치는 어디에 두어야 할지 헷갈렸다. 녹음이 시작되니 내가 믿고 의지할 수 있는 것은 원고밖에 없었다. 다행히 녹음 초반에는 대화 내용과 질문이 원고대로 흘러갔다.

나는 말을 할 때 제스처가 많은 편이다. 이런저런 설명을 하면서 제스처를 취하다 보니 마이크를 손으로 치고 말았다. "쿵!" 소리가 나며 마이크가 넘어졌다. 얼른 다시 일으켜 세우고 설명을 이어갔다. 다행히 편집이 잘돼서 방송으로 나오지는 않았다.

중반 이후부터는 질문의 순서가 바뀌었다. 살짝 당황했지만 그래도 미리 준비한 답변이 있어서 그럭저럭 진행할 수 있었다. 방송 중에 '좋은 아빠는 좋은 남편에서 시작한다'는 내용을 설명하는 부분이 있었다.

"좋은 아빠는 좋은 남편에서 시작한다는 것이 어떤 의미인가요?"

"남자는 주로 해결에만 초점을 두거든요. 아내가 힘든 부분을 해결하려고만 해요. 그런데 아내가 진정 원하는 것은 해결도 있겠지만 그 이전에 자신이 얼마나 힘든지 이해하고 공감해 주길 더 바라거든요."

여기까지는 미리 준비한 답변이라 수월하게 흘러갔다. 그런데 김정근 씨가 원고에 없던 질문을 갑자기 꺼냈다.

"아, 그렇군요. 그럼 남편의 마음은 누가 위로해 주나요?"

예상했던 질문과 전혀 달라서 당황스러웠다. 애써 태연한 척하며 평소 생각을 대답했다.

"사실 사람이 힘들면 누군가가 공감해 주길 원하고 위로받고 싶어져요. 그런데 내 안의 문제를 외부의 다른 누군가가 100% 공감과 위로를 해 주는 것은 불가능해요. 내 안의 문제는 나만 해결할 수 있거든요. 그래서 스스로 의식을 키우는 노력이 필요합니다."

다행히 고비를 넘기고 무사히 방송을 마칠 수 있었다. 두 분 다 아이 아빠로서 나의 이야기에 몹시 공감해 주었다. 많이 배웠다며 고맙다는 인사를 했다.

나중에 가족들과 라디오 방송을 들었다. 아이들은 "어? 아빠다!" 하며 신기해했다. 방송할 때는 무슨 말을 어떻게 했는지 잘 기억이 안 났다. 막상 라디오 방송을 들으니 '내가 이런 말도 했었구나'라는 생각이 들었다. 아내는 "걱정 많이 하더니 말만 잘하네."라며 칭찬해 주었다.

방송에서 말했듯이 사람은 누구나 감정적으로 힘들 때 위로받고 싶다. 아빠도 완벽하지 않은 사람이다. 상대방에게 공감을 얻고 두려움에서 벗어나고 싶은 욕구가 있는 것이다. 하지만 위로받고 싶어 할수록 삶이 더 힘들게 느껴진다. 그 누구도 내가 만족할 만큼 위로해 주지 못하기 때문이다.

아내가 남편을 충분히 위로해 줄 수 있을까? 아내 또한 현재 육아로 힘든 시간을 보내고 있기 때문에 남편을 위로해 줄 마음의 여유가 없다. 친구나 지인이 나를 위로할 수 있을까? 그들 또한 마찬가지로 나를 완전히 위로해 주기 힘들다. 그러나 세상에 딱 한 사람, 나를 온전히 위로해 줄 수 있는 사람이 있다. 그것은 바로 나 자신이다.

"오늘도 회사에서 힘든 상황에서도 열심히 일해 줘서 고마워. 수고 많이 했다."

"많은 사람들 앞에서 말하기 쉽지 않았을 텐데 떨리는 와중에도 자신감 있게 강연 잘했어. 그 사람들도 나로 인해 동기부여받고 에너지받았다. 고생 많이 했다."

"집에서 아이들 목욕시키고 힘들어도 같이 노느라 고생했어. 난 세계 최고의 아빠야."

나는 이렇게 수시로 나 자신을 위로한다. 운전할 때, 길을 걸을 때, 잠을 자기 전 짬짬이 나 자신을 위로한다. 이렇게 나 자신을 흠뻑 위로하면 힘이 난다. 이런 상태에서 비로소 남도 위로해 줄 수 있는 것이다. 이러한 반복적인 위로로 불편한 감정을 편한 상태로 조절할 수 있다. 아빠의 편안한 감정은 가정 분위기에 그대로 반영된다. 이것은 좋은 아빠의 기본을 쌓는 것과 같다.

나는 부모들과 대화를 할 때 의식 성장, 자신에 대한 위로 등에 대한 내용을 강조한다. 그러나 부모들은 그런 것에 별로 관심이 없다.

"아이가 말 잘 듣게 하는 방법은 없나요?"

"네. 없습니다. 아이들은 원래 말을 잘 안 들어요. 말을 잘 들으면 정상이 아닙니다."

마치 요술지팡이처럼 절대적인 육아 방법만을 찾는다. 그런 것은 없다. 사람마다 성격, 체격, 얼굴이 모두 다르듯이 아이들도 저마다 성향이 다양하기 때문이다. 옆집 아이에게 맞는 육아법이 내 아이에게는 안 맞을 수 있는 것이다. 그러니 육아의 성배 찾기는 이제 그만두자. 아빠의 의식을 성장시키며 내 아이에게 맞는 육아법을 찾아야 한다.

많은 아빠들이 완벽한 아빠가 되기를 꿈꾼다. 그러나 누구도 좋은 아빠란 정확히 어떤 것인지 모른다. 아이에게 좋은 아빠란 단지 자신에게 관심을 가지고 함께 시간을 보내는 아빠다. 또한 아이와 함께하며 행복을 느끼는 아빠일 수 있다.

아이와 긍정적인 상호작용을 하다 보면 내 아이에게 딱 맞는 방법을 하나둘 찾을 수 있을 것이다. 아빠 스스로의 불안감을 떨쳐내고 내 아이의 능력, 재능, 즐거움에 집중해 보자. 그러면 누구보다 좋은 아빠가 될 수 있을 것이다.

08

아빠와의 애착이
아이의 인생을 결정한다

당신은 지체할 수도 있지만 시간은 그러하지 않을 것이다.

· 벤저민 프랭클린

《아빠 육아 공부》 출간 후 얼마 되지 않아 원주에서 강연 요청을 받았다. 담당자 말에 의하면 기존에는 임산부 대상으로 교육을 진행했다고 했다. 그런데 이번에 처음으로 아빠 육아를 주제로 교육을 기획하고 있다는 것이다. 담당자 입장에서는 상당히 도전적인 일이었다. 담당자의 의지가 상당했다.

거리가 멀긴 했지만 좋은 기회라 생각하고 강연을 하기로 했다. 회사 일은 미리 마무리하고 연차휴가를 냈다. 아침에 원주로 향하는 차 안에서 문득 걱정이 되었다. 주제가 아빠 육아에 대한 내용인데 강연하는 날은 평일이었기 때문이다. 회사 다니는 아빠들은 평일 강연에 참석하기 힘들 것 같았다. '강연하러 갔는데 아빠들이 한 명도 없으면 어떻게 하나'라는 생각이 들었다. 아빠들을 대상으로 처음 진행하는 교육에 자칫 헛걸음을 할까 걱정되었다.

시작 시간보다 일찍 강연장에 도착했다. 강연장의 규모는 생각보다 컸다. 담당자와 인사를 하고 장비를 체크했다. 분위기에 익숙해지기 위해 강연장을 돌아다니며 장소에 적응했다. 시작 시간이 가까워지니 하나둘씩 사람들이 모여들었다. 부부가 함께 와서 자리에 앉는 모습이 보였다. 드문드문 아기 띠를 하고 엄마들끼리 모여 앉기도 하고, 할머니와 함께 가족단위로 오기도 했다. 어느새 강연장이 가득 찬 모습을 보며 혼자 감격했다. 남성들도 많이 참석했다. 어떻게 오셨는지 물어보니, 회사 연차휴가를 쓰고 왔다고 했다. 휴가까지 쓰며 아빠 육아에 대해 공부하기 위해 온 모습을 보니 더 잘해야겠다는 생각이 들었다.

이날은 평소보다 더 적극적으로 강연을 했다. 다양한 육아 팁을 공개하고, 청중과 소통하며 즐겁게 강연을 마무리했다. 강연이 끝나고 몇몇이 내게 모여들었다. 내 책《아빠 육아 공부》에 사인을 받거나 함께 사진을 찍기도 했다. 짧은 상담도 해 드리며 강연이 끝나고 나서도 청중과 소통했다.

예전과 다르게 요즘 아빠들은 육아에 관심이 많다는 것을 느낀 시간이었다. 육아의 영역이 엄마뿐만 아니라 아빠에게로 확대되고 있는 것이다. 이런 아빠들이 많아질수록 아이들의 정서와 애착에 긍정적인 영향을 미칠 것이다.

애착 육아(attachment parenting)는 미국의 소아의학 전문가인 윌리엄 시어스와 마사 시어스가 처음 만들어낸 말이다. 양육에서 아이와 부모 간의 긍정적인 심리적 정서적 유대가 가장 중요하다는 육아법이다. 쉽게 말해서 부모와 아이가 좀 더 붙어 있어야 한다는 것이다.

첫째 아이가 태어난 후 주변 어른들은 많이 안아 주지 말라고 했다. 쉽게 말해 '손 탄다'는 것이다. 아이가 손이 탈 경우 내려놓으면 울기 때문에 부모가 힘들다고 했다. 사실 세 아이 모두 내려놓으면 울고, 안아 주면 조용했다. 부모 품 안에만 있으려고 하니 힘든 점도 있었다. 하지만 내 몸 편하자고 우는 아이를 그대로 두기에는 마음이 편하지 않았다. 그래서 되도록 충분히 안아 주면서 키우니 어느 순간 혼자서도 잘 놀았다. 잘 놀다가 와서 안기고 또 다른 장소로 가서 놀기를 반복했다.

아이를 많이 안아 주면서 신체 접촉을 해야 심리가 안정된다. 대부분의 감각은 피부로 받아들인다. 그래서 많이 안아 주고 스킨십을 할수록 피부 접촉을 통해 인지능력과 신체발달을 도울 수 있는 것이다. 피부 접촉은 뇌를 활성화시키고 성장호르몬 분비도 촉진시켜 성장에도 도움이 된다. 아이가 가볍긴 해도 오래 안고 있으면 팔이 아프긴 하다. 하지만 아이의 일생 중에 제일 가벼운 시절이다. 유아기 때 많이 안아 주지 않으면 나중에는 안아 줄 시간도 없을 것이다.

흔히 "아기가 누워 있을 때가 제일 편해."라고 하는데, 그것은 잘못된 말이다. 이때는 아이들이 자기 욕구를 말로 표현하지 못하기 때문에 부모가 아기를 잘 살펴 기저귀를 갈고 우유를 주는 등 생리적 욕구를 채워 줘야 한다. 그럴 때 아기들은 '내 욕구가 잘 채워지는 것을 보니 나는 참 괜찮은 사람이구나'라고 느끼면서 안정감을 얻는다. 안정적인 애착은 자아존중감으로 이어진다. 아이가 '나는 가치 있는 사람이다'라고 스스로 느끼는 것이다. 특히 유아기 때의 아빠에 대한 애착은 성인이 되었을 때 자아존중감에 긍정적인 영향을 미친다.

많은 논문에서 유아기 때의 아빠와의 애착관계가 청소년이나 성인이 되었을 때 많은 영향을 끼친다고 설명하고 있다. 아빠와 부정적인 애착관계는 청소년기가 되었을 때 학교에 적응하지 못하고 비행문제로 이어진다는 연구결과도 있다. 아빠가 아이에게 애정을 쏟지 않고 거부하거나 방임할 경우 청소년기에 문제행동을 더 많이 일으킨다는 것이다. 어느 연구에서는 아빠와 애착관계를 잘 형성한 아이일수록 성인이 된 후 소득수준이 높다는 결과가 나왔다. 그래서 유아기 아빠와의 애착이 무엇보다 중요하다.

아침에 일어나 출근 준비를 하는데 서준이가 뭔가 불만이 있어 보였다. 잠을 잘 못 잔 건지, 다른 이유라도 있는지 물어봐도 대답하지 않았다. 출근을 해야 하기 때문에 더 이상 물어보지 못했다.

화장실에서 면도를 하고 있는데 서준이가 다가왔다. 화장실 문 앞에 누워서 발로 벽을 찼다. 주의를 줘도 계속 반복했다. 그러다 화장실 유리문을 발로 차는 것이었다. 유리가 깨질까 봐 순간 깜짝 놀랐다. "양서준!" 아빠의 목소리가 커지니 서준이는 다시 방으로 돌아갔다.

서준이가 왜 그런지 원인을 모른 채 출근했다. 아이 마음을 조금 더 읽어 주지 못해 계속 신경이 쓰였다. 퇴근하고 집에 도착하니 서준이는 언제 그랬냐는 듯이 반갑게 맞아 주었다. 물을 먹고 있는데 아이가 다가왔다.

"아빠. 아침에 발로 차서 죄송해요."

"와. 서준이가 먼저 사과해 줘서 고마워. 아빠도 아침에 소리 질러서 미안해."

애착은 몇 시간 만에 형성되는 것이 아니다. 충분한 시간과 그 속에서 다양한 소통이 있어야 가능하다. 애착은 아이와 즐거운 시간을 보내는 것뿐만 아니라, 힘든 시간을 함께하는 과정도 포함된다. 갈등이 생기고 이를 해결하는 과정 또한 애착이 쌓이는 시간이다. 애착 과정은 유년기의 전 과정에 걸쳐 만들어진다. 그러니 한두 번 아이와 시간을 보냈다고 뿌듯해할 것이 아니라 지속적이어야 한다.

아이를 키우는 일은 분명히 힘들다. 결혼 전에는 전혀 몰랐던 세계가 펼쳐진다. 경험해 보지 못한 사람들은 상상도 못할 만큼 몸과 마음이 고된 일이다. 꼬맹이 하나 키우는 것도 피로와 스트레스는 상당하다. 하루 종일 아이와 붙어 있는 엄마는 더 심할 것이다.

그런데 정말 징글징글 말을 듣지 않던 아이도 자는 모습을 보면 하루의 피로가 모두 풀려버린다. 새근새근 자는 아이를 보면 낮에 모질게 대했던 행동이 미안해지며 안쓰러워진다. 아이의 속눈썹, 통통한 볼, 오물오물하는 입술을 보면 천사가 따로 없다. 나도 모르게 아이들 볼에 뽀뽀하게 된다. 사랑이 마구 샘솟는다.

아빠 육아는 아빠 자신에게도 부모로서 제대로 역할을 하고 있다는 만족감을 줄 수 있다. 회사 일로 바쁜 아빠지만 육아를 하면서 아이를 이해하는 과정을 통해 많은 것을 배울 수 있다. 아이의 말을 경청하고 긍정적인 면을 보려는 노력을 통해 아빠와 아이 모두 행복해질 수 있다. 아빠와의 애착은 아이의 인생을 결정한다. 그러니 아빠 육아야말로 아이를 잘 키우고 부모가 행복해질 수 있는 열쇠다.

아빠가 쓰는 육아일기

초판 1쇄 인쇄 2018년 11월 22일
초판 1쇄 발행 2018년 11월 29일

지 은 이 **양현진**
펴 낸 이 **권동희**
펴 낸 곳 **위닝북스**
기   획 **김도사**
책임편집 **김진주**
디 자 인 **이혜원**
교정교열 **박고운**
마 케 팅 **강동혁**

출판등록 **제312-2012-000040호**
주   소 **경기도 성남시 분당구 수내동 16-5 오너스타워 407호**
전   화 **070-4024-7286**
이 메 일 **no1_winningbooks@naver.com**
홈페이지 **www.wbooks.co.kr**

이 도서의 국립중앙도서관 출판도서목록(CIP)은 서지정보유통지원시스템
홈페이지(http://seoji.nl.go.kr)와 국가자료공동목록시스템(http://www.nl.go.
kr/kolisnet)에서 이용하실 수 있습니다.(CIP제어번호: CIP2018036100)

위닝북스는 독자 여러분의 책에 관한 아이디어와 원고 투고를 설레는
마음으로 기다리고 있습니다. 책으로 엮기를 원하는 아이디어가 있으신 분은
이메일 no1_winningbooks@naver.com으로 간단한 개요와 취지, 연락
처 등을 보내주세요. 망설이지 말고 문을 두드리세요. 꿈이 이루어집니다.

※ 책값은 뒤표지에 있습니다.
※ 잘못 만들어진 책은 구입하신 서점에서 교환해 드립니다.